Umweltschutz

Unterlagen für den Auszubildenden

Das Ausbildungsmittel Umweltschutz besteht aus folgenden Teilen:

- Unterlagen für den Auszubildenden ISBN 3-410-70248-2
- Begleitheft für den Ausbilder ISBN 3-410-70249-0
- Aufgabenteil und Arbeitsblätter ISBN 3-410-70250-4
- Arbeitstransparente ISBN 3-410-70251-2

Eine vollständige Übersicht über die vom Beuth Verlag veröffentlichten Ausbildungsmittel des Bundesinstituts für Berufsbildung (BIBB) enthält das jeweils gültige Ausbildungsmittel-Gesamtverzeichnis, das beim

Beuth Verlag GmbH
Burggrafenstraße 6
1000 Berlin 30
Telefon (030) 26 01-260/222

oder beim

Bundesinstitut für Berufsbildung
Fehrbelliner Platz 3
1000 Berlin 31
Telefon (030) 86 83-202/457

angefordert werden kann.

Umweltschutz

Unterlagen für den Auszubildenden

1. Auflage

Herausgeber
Bundesinstitut für Berufsbildung (BIBB)
1993

Beuth Verlag GmbH · Berlin

Die Deutsche Bibliothek – CIP-Einheitsaufnahme

Umweltschutz in den Berufsfeldern Metalltechnik und Elektrotechnik

Bundesinstitut für Berufsbildung Berlin.

Berlin: Beuth

Unterlagen für den Auszubildenden.

1. Aufl. – 1993

ISBN 3-410-70248-2

60 Seiten A4, Schnellheftung

1. Auflage 1993; ISBN 3-410-70248-2

Beratende Sachverständige:
Charles Bittrich (Innung SHK, Berlin), Klaus Bonhoff (Nordwestliche Eisen- und Stahl-Berufsgenossenschaft, Bremen), Juliane Hemfort (Innung SHK, Berlin), Bolko Knust (Förderungs- und Bildungszentrum der Handwerkskammer Hannover), Siegfried Kölmel (Firma Trumpf, Ditzingen), Dietrich Lietz/Dieter Michehl (Babcock-Borsig, Berlin), Helmut Schaefer (Mannesmann, Düsseldorf), Bernd Schellert (BVG, Berlin)

MANNESMANN
Arbeitskreis:
Friedhelm Bertram, Walter Bollmann, Dieter Dembek, Siegfried Ellenbeck,
Dr. Dietmar Gebhard, Helmut Schaefer, Ulrich Stelter

Bearbeitung im BIBB: Denny Glasmann
Zeichnungen: Franz-Josef Lahaye; Brigitte Smialek, BIBB

Satz und Druck: Ruksaldruck, Berlin

Mit diesen Unterlagen werden die in den Ausbildungsordnungen der Berufsfelder Metalltechnik und Elektrotechnik festgelegten Inhalte zum Umweltschutz beschrieben und vermittelt. Oft gehören arbeitsplatzbedingte Umweltbelastungen auch zum Bereich der Arbeitssicherheit. Gerade die betriebliche Ausbildung bietet gute Voraussetzungen, Einsichten und Verhaltensweisen zum Umweltschutz für die spätere berufliche Tätigkeit anzunehmen und in der Praxis anzuwenden.

Das Ausbildungsmittel ist vierteilig. Es besteht aus
- den Unterlagen für den Auszubildenden
- dem Begleitheft für den Ausbilder
- dem Aufgabenteil mit den Arbeitsblättern und
- dem Foliensatz mit den Arbeitstransparenten.

Die Unterlagen sind mit der Ausbildungspraxis intensiv abgestimmt worden. Neben einem Sachverständigenkreis wurde die Arbeit an diesem Ausbildungsmittel durch einen Arbeitskreis der Firma Mannesmann zusätzlich unterstützt.

Das Bundesinstitut für Berufsbildung (BIBB) nimmt gern Hinweise für Verbesserungen entgegen, die sich aus der Ausbildungspraxis ergeben.

Bundesinstitut für Berufsbildung
Hauptabteilung Bildungstechnologieforschung,
vergleichende Berufsbildungsforschung

Inhaltsverzeichnis
Umweltschutz

Nach Durcharbeit der Unterlagen können Sie ...

- das ökologische Gleichgewicht erklären,
- begründen, warum Umweltschutz betrieben werden muß,
- Auswirkungen von Umweltbelastungen beschreiben und bewerten,
- erklären und begründen, warum und wie in der Ausbildung wesentlicher Einfluß auf den Umweltschutz genommen werden kann,
- berufsbezogene Regelungen des Umweltschutzes nennen,
- Maßnahmen zur Vermeidung und Verminderung von Umweltbelastungen ergreifen,
- im Betrieb verwendete Energiearten nennen und Möglichkeiten rationeller Energieverwendung beschreiben,
- die Abfallproblematik verstehen,
- Abfälle unter Beachtung des Abfallgesetzes sammeln und entsorgen,
- die Bedeutung des Wassers erkennen und die Abwasserproblematik beschreiben,
- Gefahren, die von Schadstoffen in Abwässern ausgehen, bewerten und Maßnahmen zu ihrer Verminderung vorschlagen,
- Luftverunreinigungen und den Zusammenhang zu Emissionen und Immissionen beschreiben,
- Gefahren, die von Schadstoffen in der Abluft ausgehen, bewerten und Maßnahmen zu ihrer Verminderung vorschlagen,
- die Lärmproblematik beschreiben,
- Lärm bewerten und Maßnahmen zur Minderung vorschlagen,
- mit Gefahrstoffen umweltbewußt umgehen,
- Maßnahmen zum Strahlenschutz beschreiben,
- Kenntnisse über den Umweltschutz in konkreten Projekten anwenden.

Indem der Mensch in die Natur eingreift, verursacht er Umweltbelastungen und -schäden. Das erfolgt z. B. durch den Abbau von Rohstoffen und Energieträgern, durch die Produktion von Gütern, durch den Tourismus und durch den Individualverkehr.

Umweltschutz in der Ausbildung

Wir alle wollen in einer gesunden Umwelt leben und die Erde für kommende Generationen lebenswert erhalten. Daher ist es notwendig, daß wir uns sowohl im Beruf aber auch im Privatleben umweltgerecht verhalten. Dieser persönliche Einsatz zum Schutz der Umwelt setzt entsprechende Einsichten und daraus begründetes Handeln voraus.

Die neuen Verordnungen über die Berufsausbildung in den industriellen und handwerklichen Metall- und Elektroberufen berücksichtigen die Notwendigkeit des Umweltschutzes und legen den Umweltschutz als Teil des Ausbildungsberufsbildes fest (Bild 1).

§ 6

**Ausbildungsberufsbild
für den Zerspanungsmechaniker/
für die Zerspanungsmechanikerin**

(1) Gegenstand der Berufsausbildung sind mindestens die folgenden Fertigkeiten und Kenntnisse:

1. Berufsbildung,
2. Aufbau und Organisation des Ausbildungsbetriebes,
3. Arbeits- und Tarifrecht, Arbeitsschutz,
4. Arbeitssicherheit, Umweltschutz und rationelle Energieverwendung,
5. Lesen, Anwenden und Erstellen von technischen Unterlagen,
6. Unterscheiden, Zuordnen und Handhaben von Werk- und Hilfsstoffen,

**Verordnung
über die Berufsausbildung
zum Gas- und Wasserinstallateur/zur Gas- und Wasserinstallateurin
(Gas- und Wasserinstallateur-Ausbildungsverordnung – GasWasIAusbV)**

Vom 9. März 1989

§ 4

Ausbildungsberufsbild

Gegenstand der Berufsausbildung sind mindestens die folgenden Fertigkeiten und Kenntnisse:

1. Berufsbildung,
2. Aufbau und Organisation des Ausbildungsbetriebes,
3. Arbeits- und Tarifrecht, Arbeitsschutz,
4. Arbeitssicherheit, Umweltschutz und rationelle Energieverwendung,
5. Planen und Vorbereiten des Arbeitsablaufes sowie Kontrollieren und Bewerten der Arbeitsergebnisse,
6. Lesen, Anwenden und Erstellen von technischen Unterlagen,

Bild 1 Beispiele für Umweltschutz in der Ausbildung

Damit die Umwelt nicht noch mehr belastet wird, müssen geeignete Maßnahmen getroffen werden.
In der Bundesrepublik regelt eine Vielzahl von gesetzlichen Vorschriften den Umgang mit der Umwelt. Es gibt Bundes- und Landesgesetze, Rechtsverordnungen, Verwaltungsvorschriften und Erlasse (Bild 2). Bundesgesetze gehen Landesgesetzen und Rechtsverordnungen vor.
Landesgesetze füllen die Rahmengesetzgebung des Bundes aus. Rechtsverordnungen regeln Einzelheiten zur Durchführung der Gesetze. Verwaltungsvorschriften, Richtlinien und Erlasse sind Anweisungen der Vollzugsbehörden.

Ausbildungsmittel können helfen, das Bewußtsein zur Umwelt und zu deren Schutz zu vertiefen. Ziel ist in jedem Fall, Umweltbelastungen zu vermindern oder ganz zu vermeiden.

Bild 2 Gesetzgebung zum Umweltschutz

Der Lebensraum auf dieser Erde wird aus verschiedenen Bereichen gebildet. Diese Bereiche sind Luft, Wasser und Boden,
Jeder einzelne Bereich wird vom Menschen beeinflußt.

Bereiche der Umwelt

Die **Luft** umgibt als Hülle die Erde. Diese als Atmosphäre bezeichnete Lufthülle wird durch die Erdanziehungskraft zusammengehalten und reicht in verschiedenen Schichten weit in den Weltraum (Bild 1).
Hauptbestandteile der Luft sind Stickstoff, Sauerstoff, Edelgase und Kohlendioxid.
Angeregt durch die Energiestrahlung der Sonne finden zwischen den einzelnen Gasarten fortwährend chemische und physikalische Reaktionen statt. So filtert z. B. Ozon in großer Höhe aus dem Energiespektrum der Sonne einen hohen Anteil lebensfeindlicher Strahlen heraus.
Die Luft ist in hohem Maße durch den Menschen gefährdet. Zu den Belastungen gehören z. B. Abwärme, Abgase, Stäube und radioaktive Stoffe.

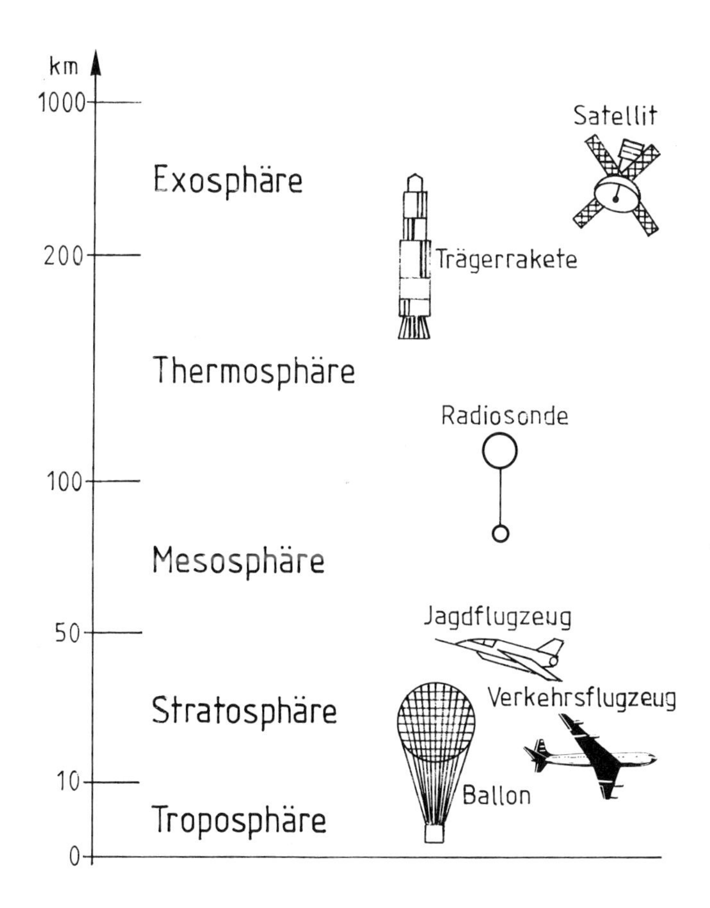

Bild 1 Schichten der Atmosphäre

Das **Wasser** der Erde umfaßt die Ozeane, Seen, Flüsse, Binnengewässer, aber auch das Grundwasser und das Gletschereis. Tier- und Pflanzenwelt, Technik und Zivilisation sind ohne Wasser nicht denkbar. Wasser bedeckt die Erde zu etwa 75 % der Oberfläche. Wasser ist aber auch wesentlicher Bestandteil aller Pflanzen und Lebewesen, z. B. im Menschen mit 60 bis 70 %.
Das Gleichgewicht des Wasserhaushalts wird durch die Einwirkung der Sonne über Verdunstung und Niederschlag aufrechterhalten (Bild 2). Vom Menschen verursachte Belastungen des Wassers sind z. B. Düngemittel-Rückstände, Industrieabwässer, Erwärmung und der steigende Wasserverbrauch selbst.

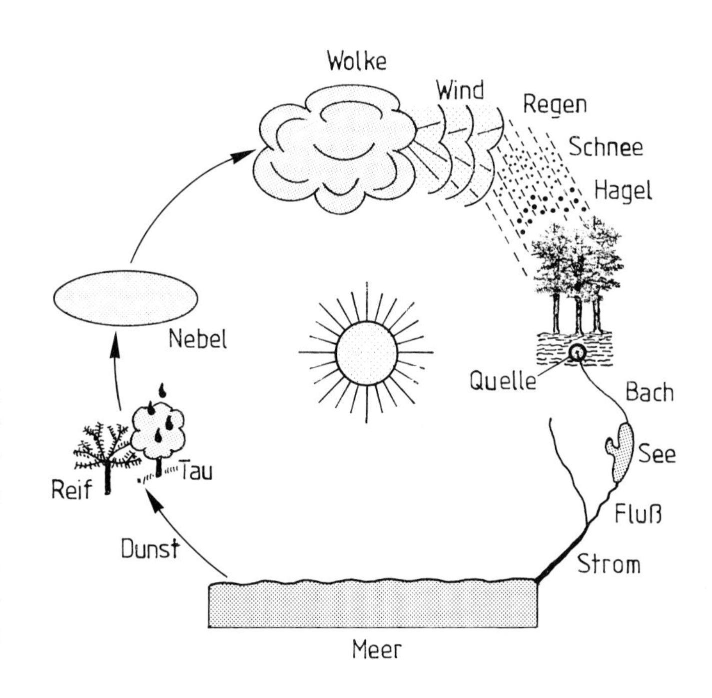

Bild 2 Wasserkreislauf

Umweltschutz
Einleitung

Neben den Bereichen Luft und Wasser ist der Boden als dritter Bereich zu berücksichtigen.

Bereiche der Umwelt

Zum **Boden** gehören die Pflanzenwelt und alle Lebewesen. Die Abhängigkeit voneinander wird mit dem Begriff Ökologie zusammengefaßt.
Bestehende Ökosysteme wie z. B. ein Wald, ein Fluß oder ein See wurden schon in früheren Zeiten oft von Menschen entscheidend verändert und unwiederbringlich zerstört.
Ein historisches Beispiel für die großflächige Vernichtung eines Ökosystems ist die Verkarstung der dalmatinischen Küste auf dem Balkan als Folge der Abholzung der dortigen Wälder für den Schiffbau der Venezianer. So verheerend dieser Eingriff auch war, so blieb er doch von regionaler Bedeutung.

Belastungen des Bodens sind meist chemischer Art wie z. B. Überdüngung (Bild 1), die Ablagerung von Gefahrstoffen und durch Stäube. Dazu zählen auch radioaktive Stäube aus Kernkraftwerken bei Störfällen.

Bild 1 Düngen von Feldern

Zum Boden gehört auch der Bereich der Gesteine. Die Gesteine der Erde sind innerhalb des ökologischen Gleichgewichts ziemlich stabil. Die vom Menschen verursachten Belastungen der Gesteinsmassen sind z. B. die Hohlraumbildung durch Rohstoffabbau (Bild 2) oder Grundwasserabsenkung.

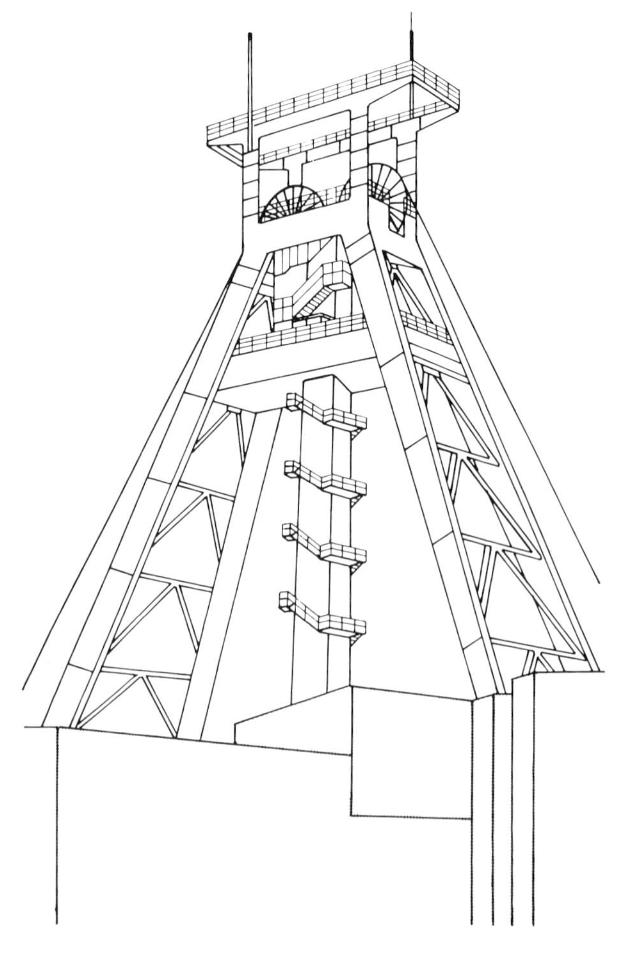

Bild 2 Schachtanlage im Bergbau

Wenn Sie morgens in Ihren Betrieb kommen, sind die Lampen eingeschaltet. Im Winter ist für eine ausreichende Raumtemperatur gesorgt (Bild 1). Für diese Vorgänge wird Energie gebraucht. Diese kann z. B. aus Gas, Öl oder Kohle gewonnen werden.

Bild 1 Licht und Wärme

Energieverbrauch im Betrieb

Energie wird von der Industrie, dem Handwerk und Gewerbe, in Haushalten und im Verkehrswesen eingesetzt. Genutzt wird sie z. B. zur Produktion von Gütern, für die Raumheizung, zur Kühlung, zur Belüftung und Beleuchtung sowie für die Fortbewegung.

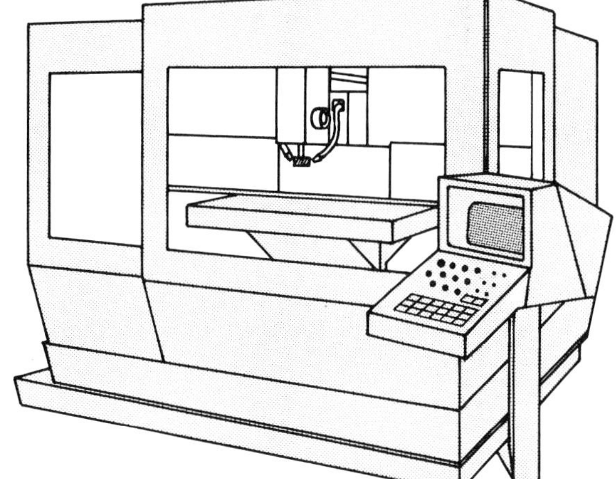

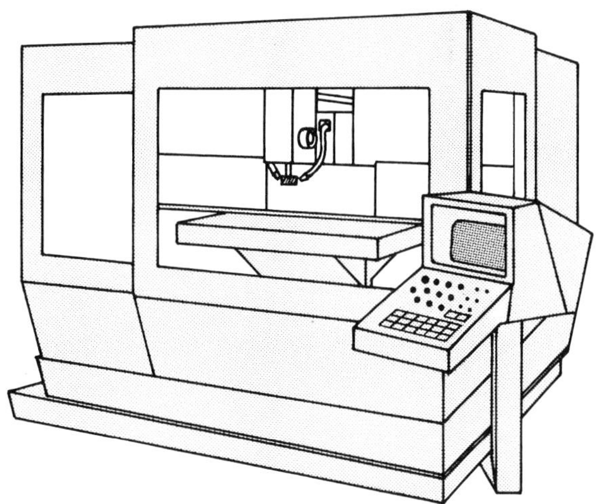

Bild 2 Werkzeugmaschine

In den Betrieben wird Energie meist wie folgt verbraucht:
- zum Antreiben von Elektromotoren,
- zum Antrieb von Bearbeitungsmaschinen (Bild 2),
- für Prozeßwärme wie z. B. bei Härte- und Glüheinrichtungen,
- zum Betrieb von Steuereinrichtungen,
- zum Transport von zu bearbeitenden Teilen, wie z. B. mit Gabelstaplern (Bild 3) und

für vieles mehr.
Dabei kommen elektrischer Strom, Gas, Dieselöl, Heizöl, Benzin usw. zum Einsatz. Eine Erkundung in Ihrem Betrieb kann Ihnen einen Überblick über die verwendeten Energien und die entstehenden Kosten vermitteln.

Bild 3 Gabelstapler im Betrieb

Ihr Ziel muß sein, durch **Energiesparen** die Umweltbelastungen zu verringern. Außerdem erreichen Sie dadurch, daß die natürlichen Vorkommen der Energieträger länger erhalten bleiben.

Umweltschutz
Einleitung

In der Natur kommen verschiedene Energieträger wie z. B. Kohle, Erdöl, Erdgas und Kernbrennstoffe vor. Genutzt werden auch Sonnen-, Wasser- und Windenergie (Bild 1).
Die Energieträger werden in die gewünschten Energieformen umgewandelt.

Energieumwandlung

So wird die zum Heizen notwendige Wärme z. B. beim Verbrennen von Heizöl, Koks oder Briketts gewonnen.
In Kohle-, Kern- und Wasserkraftwerken wird der jeweilige Energieträger in elektrischen Strom umgewandelt. Elektrischer Strom treibt Maschinen an und erzeugt in Glühlampen Licht.
Bei der Energieumwandlung gibt es Verluste. In Glühlampen wird z. B. nur ein kleiner Teil des Stroms in Licht umgewandelt. Die ungenutzte Energie wird als Wärmeenergie frei und die Glühlampe wird warm.

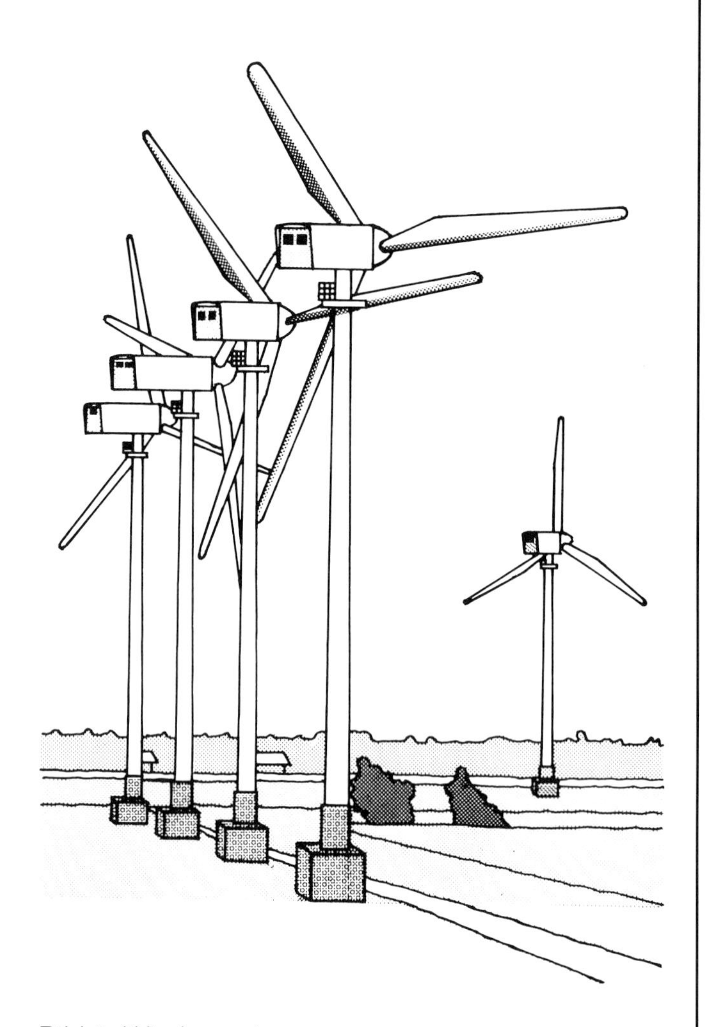

Bild 1 Windenergie

Die Vorkommen von Kohle, Erdgas und Erdöl sind begrenzt und stehen deshalb nicht für alle Zeiten zur Verfügung.
Bereits durch den Abbau und die Gewinnung der Energieträger (Bild 2) entstehen Umweltschäden, wie z. B. Absenkungen des Grundwasserspiegels.
Bei der Umwandlung der Energieträger in nutzbare Energien wird die Luft belastet. Dabei werden Schadstoffe als Ausstoß in die Luft abgegeben. Durch Betriebe sowie bei der Stromerzeugung in Wärmekraftwerken werden vorrangig Stäube, Schwefeldioxid und Stickstoffoxide ausgestoßen.
Haushalte sind verantwortlich für den Ausstoß von Schwefeldioxid und Kohlenmonoxid.
Autoabgase enthalten eine Vielzahl von Schadstoffen, besonders Kohlenmonoxid und Stickstoffoxide.

Auch das bei der Umwandlung der Energieträger benötigte Kühlwasser belastet die Umwelt durch Erwärmen der Flüsse und Seen.

Bild 2 Abbau von Braunkohle

Zur Herstellung von Erzeugnissen und der Ausführung von Dienstleistungen werden neben der erforderlichen Energie auch entsprechende Rohstoffe sowie Wasser und Luft benötigt.

Betrieblicher Umweltschutz

In den Betrieben entstehen neben den fertigen Erzeugnissen auch unerwünschte Umweltbelastungen wie Abfall, Abluft, Abwässer und Lärm.
Bild 1 zeigt beispielhaft, wieviel Schadstoffe von verschiedenen Erzeugern innerhalb eines Jahres in die Luft ausgestoßen werden.

Durch Gesetze werden Belastungen auf zulässige Maximalwerte begrenzt. Für die Umsetzung der Auflagen ist der Betrieb verantwortlich. Er kann einen für den Umweltschutz zuständigen Mitarbeiter benennen.
Jeder Betrieb muß die Umweltbelastungen so gering wie möglich halten. Dazu ist auch Ihre Mitarbeit erforderlich. Sie können durch Ihr persönliches Verhalten einen erheblichen Beitrag zum betrieblichen Umweltschutz leisten.

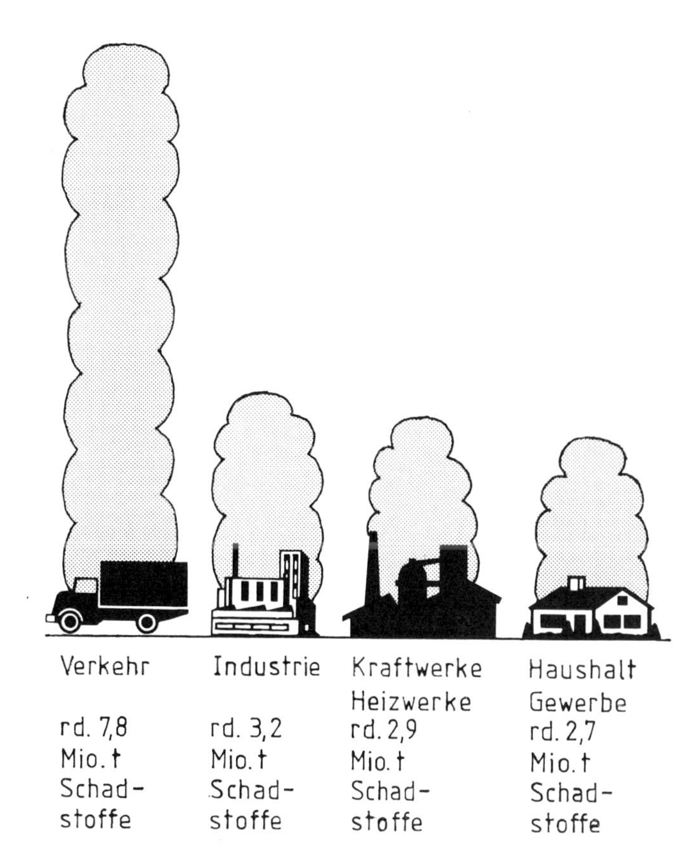

Bild 1 Ausstoß von luftbelastenden Schadstoffen

Für die Verringerung des Energiebedarfs wird eine Vielzahl von Möglichkeiten angeboten. Die Wärmedämmung von Rohrleitungen ist dafür ein Beispiel.
Durch Verbesserungen der Geräte, Maschinen und Anlagen wird deren Wirkungsgrad erhöht und der Energiebedarf gesenkt.

Auch die Automobilindustrie bemüht sich, die Umweltbelastungen zu verringern, so z. B. durch den immer weiter gesenkten Kraftstoffverbrauch (Bild 2) und durch die Rücknahme der gebrauchten Kraftfahrzeuge.

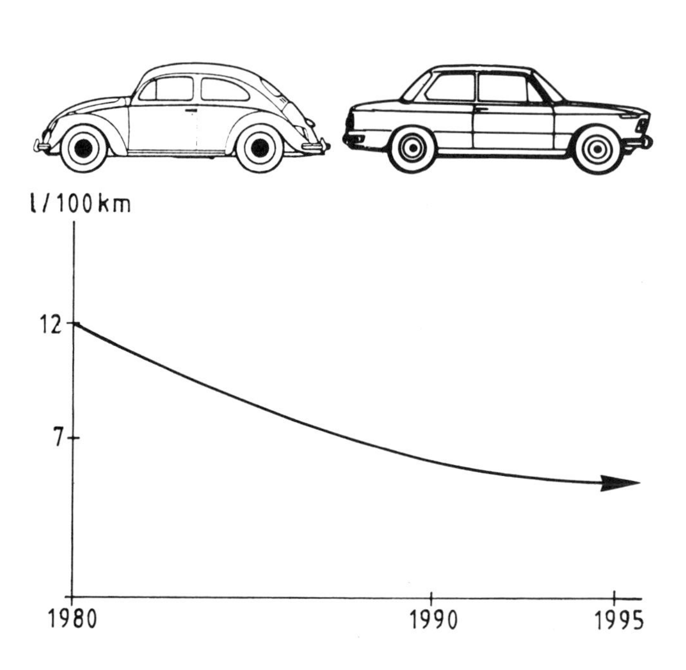

Bild 2 Senkung des Kraftstoffverbrauchs

Die Steigerung von Produktion und Konsum, die Verwendung kurzlebiger Wirtschaftsgüter, von mehr und aufwendigeren Verpackungsmaterialien sowie von Einwegerzeugnissen haben zu einem ständigen Anwachsen der Abfallmenge geführt.

Abfallwirschaft

Die Abfallwirtschaft wird durch das Abfallgesetz geregelt. Mit diesem Gesetz wird dem Vermeiden und Verwerten von Abfällen Vorrang vor einer konventionellen Abfallbeseitigung gegeben (Bild 1). Dazu zwingen auch der knappe Deponieraum und die unzureichenden Verbrennungsmöglichkeiten.
Im Abfallrecht sind detaillierte Verwaltungsvorschriften wie z. B. die **T**echnischen **A**nleitungen:
- TA Abfall
- TA Sonderabfall
- TA Siedlungsabfall
- TA Shredderrückstände
- TA Galvanikschlämme enthalten.

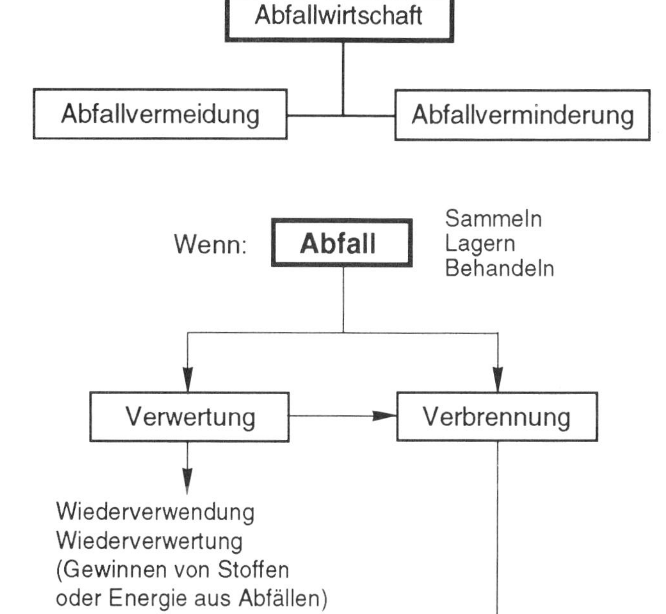

Bild 1 Abfallgesetz

Die **Abfallverwertung** bedeutet die Wiederverwendung oder Wiederverwertung von Abfallstoffen. Die Rückgewinnung von Stoffen aus Abfällen schont die Rohstoffquellen und spart Energie. Diese Aufbereitung und Wiederverwendung bereits genutzter Rohstoffe wird mit **Recycling** bezeichnet.
Beispiele für die Rückgewinnung sind Recyclingpapier, Altglasaufbereitung oder die Lösemittelrückgewinnung.
Nicht verwertbare Abfälle und Rückstände aus der Abfallverbrennung werden auf Deponien gelagert.

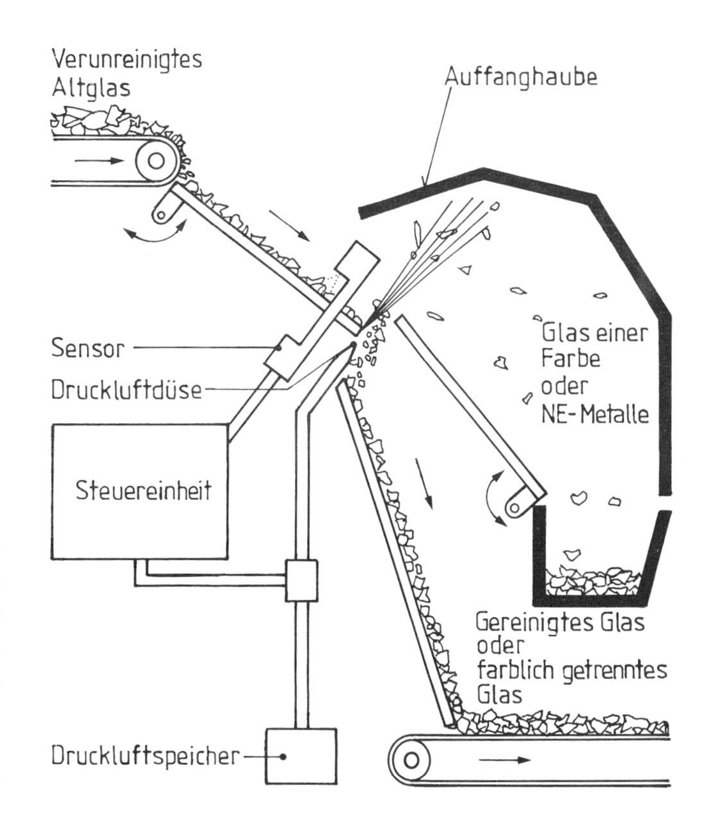

Bild 2 Abfallverwertung
– z. B. Glas

Umweltschutz
Abfall

Die wirksamste Art Umweltschutz zu praktizieren, ist möglichst wenig Abfälle zu verursachen. Das Abfallgesetz weist deshalb in erster Linie auf das Vermeiden von Abfall bzw. dessen Wiederverwendung hin.

Abfallwirtschaft im Betrieb

Bei einem Rundgang durch den Betrieb können Sie ermitteln, welche Produktions- und Betriebsstoffabfälle anfallen.
Beachten Sie dabei auch im Betrieb vorgezeichnete Entsorgungswege.
Um eine Wiederverwendung bzw. Wiederverwertung durchführen zu können, werden die Abfallstoffe getrennt gesammelt.

Können Abfälle in ihrer vorliegenden Form ohne eine Umwandlung genutzt werden, so ist eine **direkte Verwendung** möglich. Dabei handelt es sich z. B. um Glasflaschen und Metallfässer (Bild 1).
Lassen sich die in den Abfallstoffen enthaltenen Rohstoffe durch Umwandlungen wieder rückgewinnen, so kann eine **Wiederverwertung durch Recycling** erfolgen. Dabei handelt es sich z. B. um Papier, Bruchglas, Kunststoffe und Schrott. Bei der Herstellung von Stahl aus Schrott wird weniger Energie benötigt, als bei der Gewinnung aus Erzen. Außerdem werden Rohstoffe gespart.

Erzeugnisse und **Abfallstoffe**

Wiederverwendung

Nutzung in vorliegender Form ohne Umwandlung,
z.B.:
- Glasflaschen
- Metallfässer

Wiederverwertung

Gewinnung der enthaltenen Grundstoffe durch Umwandlung,
z.B.:
- Papier
- Bruchglas
- Schrott (Eisen u. Nichteisenmetalle)
- Kunststoffe
- Altöl

Verbrennung oder Ablagerung

Keine Wiederverwendung oder Wiederverwertung möglich,
z.B.:
- Farben, Lacke, Klebstoffe
- toxische Stoffe
- radioaktive Stoffe

Bild 1 Abfallwirtschaft

Nicht verwertbare Abfallstoffe werden in besonderen Anlagen verbrannt (z. B. Hausmüll, Farben) oder auf zugelassenen Deponien abgelagert (Bild 2). Zu diesen Stoffen zählen auch Reststoffe wie z. B. Salzschlacken, Galvanikabfälle oder Stoffe aus der Rauchgasreinigung.
Sonderabfalldeponien dienen der Ablagerung von Sonderabfällen. Dies sind z. B. Altöl und industrieller Sondermüll.
Radioaktive Rückstände werden gesondert endgelagert.

Zur Langzeitsicherung von Deponien sind konkrete Überwachungen erforderlich.

Bild 2 Hausmülldeponie

Viele Arbeitsmittel werden sowohl im Metall- aber auch im Elektrobereich eingesetzt. Das sind z. B. Lötmittel und Klebstoffe. Es gibt aber auch eine Reihe von Gegenständen und Stoffen, die besonders den Elektrobereich betreffen. Dabei handelt es sich z. B. um Kondensatoren, Akkumulatoren, Kabelreste, Leiterplatten, Transformatoren und Lampen bzw. Leuchtkörper.

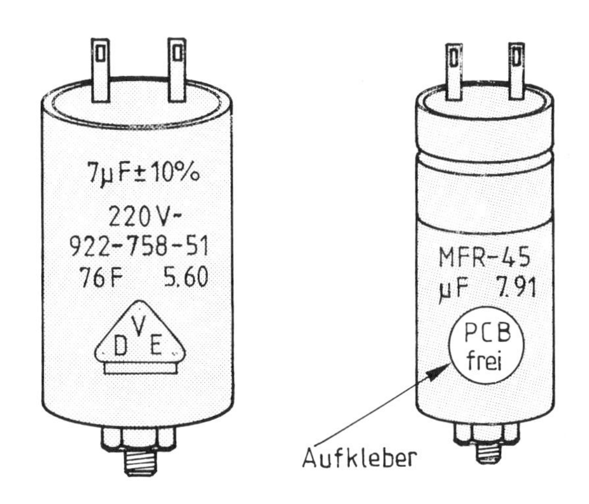

Bild 1 Kondensatoren

Abfall im Elektrobereich

Kondensatoren, die vor 1983 hergestellt wurden, enthalten meistens PCB-haltige Füllmittel. PCB sind Polychlorierte Biphenyle und besonders umweltproblematisch. PCB-haltige Kondensatoren sind schwer zu erkennen. Es gibt inzwischen Herstellerlisten, die eine Zuordnung gestatten. In jedem Fall muß geprüft werden, ob gefährliche Füllmittel verwendet wurden. Kondensatoren und Transformatoren ohne PCB sollten mit einem Aufkleber "PCB-frei" gekennzeichnet werden (Bild 1).

Leiterplatten (Bild 2) werden wegen der enthaltenen Schwermetalle gesondert gesammelt und einer Sonderabfallbehandlung zugeführt. Auch Kabelschrott wird gesondert gesammelt. Beim Schmelzen der Kabelreste schwimmt die Ummantelung auf und kann abgeschöpft werden.

Bild 2 Auswechseln einer Leiterplatte

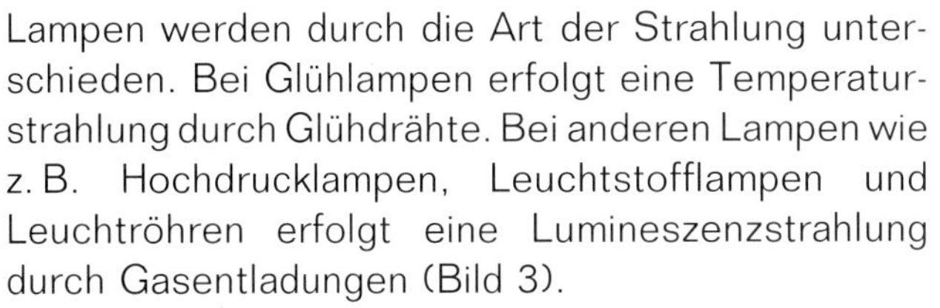

Lampen werden durch die Art der Strahlung unterschieden. Bei Glühlampen erfolgt eine Temperaturstrahlung durch Glühdrähte. Bei anderen Lampen wie z. B. Hochdrucklampen, Leuchtstofflampen und Leuchtröhren erfolgt eine Lumineszenzstrahlung durch Gasentladungen (Bild 3).
Entladungslampen enthalten meist das giftige Quecksilber. Je nach Art und Typ sind pro Lampe bis 0,04 g Quecksilber vorhanden. Diese Lampen müssen gesondert gesammelt und einer besonderen Entsorgung zugeführt werden.
Je nach Art und Farbwiedergabe können Leuchtstofflampen auch gesundheitsschädliches Antimon enthalten.

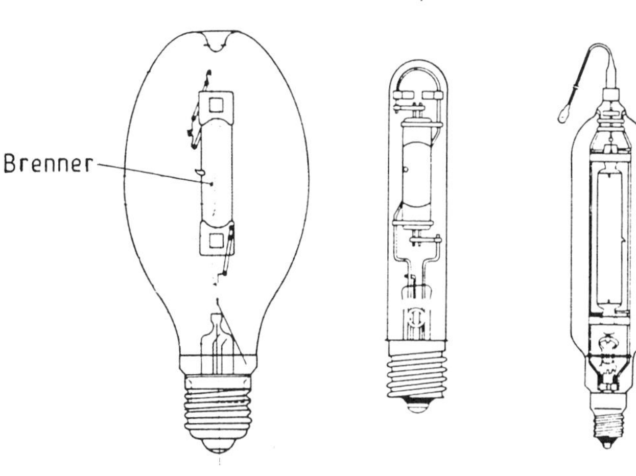

Bild 3 Entladungslampen

Umweltschutz
Abfall

Altöle sind dem Abfallgesetz unterworfen. Eine Altölverordnung enthält die Bestimmungen der aufarbeitbaren Altöle und der Aufbereitungsverfahren. Wichtig ist die artenreine Lagerung der Altöle.

Altöle

Es werden drei Arten von Altölen unterschieden. Sie werden getrennt gelagert.
Soweit vorgegebene Schadstoffgrenzen eingehalten werden, kann das Altöl wieder aufgearbeitet werden. Dabei handelt es sich z. B. um gebrauchte Getriebe- und Verbrennungsmotorenöle (Bild 1) sowie um gebrauchte mineralische und synthetische Maschinen-, Turbinen- und Hydrauliköle.
Die zweite Gruppe von Altölen kann in zugelassenen Anlagen zur Energienutzung verbrannt werden. Das sind z. B. Metallbearbeitungsöle und Isolieröle auf Mineralölbasis.
Als Sonderabfall gelten dagegen z. B. Kleinmengen von Altölen unbekannter Herkunft sowie Hydraulikflüssigkeiten aus dem Untertagebergbau.

Bild 1 Ablassen von Motoröl

Besonders **KFZ-Betriebe** müssen die Altölunterscheidung beachten. Im Altöltank wird **nur** das aus Fahrzeugen abgelassene Altöl aus Motor und Getriebe gesammelt. Es dürfen keine Fremdstoffe (z. B. Bremsflüssigkeit) beigemischt werden. Auch ein Altöl unbekannter Herkunft und Zusammensetzung darf nicht mit dem wieder aufzuarbeitenden Altöl gemischt werden.

Altöle dürfen nicht in Arbeitsräumen gelagert werden. Die Anlage zur Lagerung muß die Sicherheit Dritter vor allem vor Brand- und Explosionsgefahren gewährleisten (Bild 2).

Bild 2 Lagerung von Altöl

Die Abfallsammlung umfaßt alle Maßnahmen zum umweltschonenden und kostengünstigen Einsammeln und Transportieren von festen und flüssigen Abfällen.

Abfallsammlung

Je nach Abfallart und Menge sind geeignete Behälter in ausreichender Anzahl aufzustellen. Eine deutliche Behälterkennzeichnung (z. B. Abfallart, Schlüssel-Nr., Gefahrensymbole, Farbkennzeichnung) ist zwingend notwendig.
Die Abfälle werden jeweils in die vorgesehenen Behälter eingefüllt und gesammelt.

Hausmüllähnliche Gewerbeabfälle
Das sind die in Gewerbe- und Industriebetrieben anfallenden festen, nicht produktionsspezifischen Abfälle wie z. B. Verpackungsmaterial (Verpackungsverordnung) und Büroabfälle. Dazu zählen auch Speisereste und Küchenabfälle sowie Papierreste.
Je nach Abfallmenge gibt es unterschiedlich große Behälter (Bild 1).
Für verwertbare Abfallstoffe wie z. B. Papier, Glas oder einige Kunststoffe gibt es bei Bedarf auch größere Sammelbehälter.

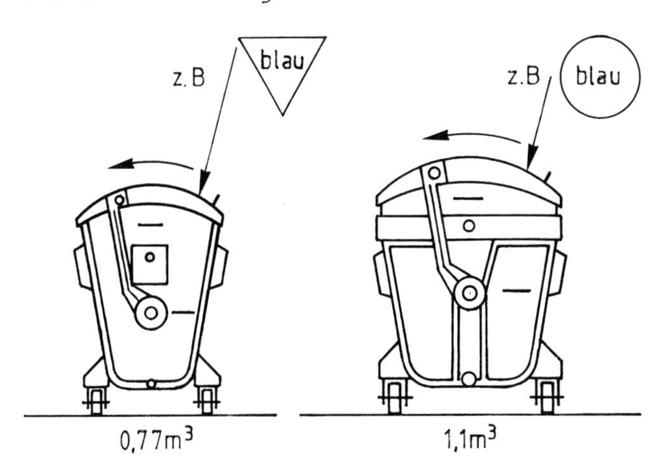

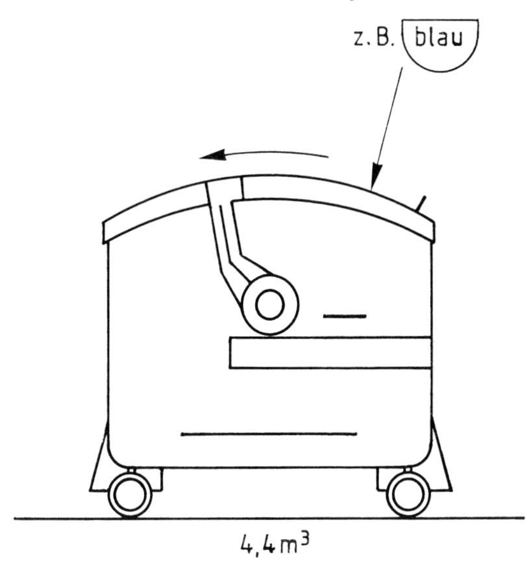

Bild 1 Behälter für hausmüllähnliche Abfälle

Ölhaltige feste Abfälle
Unter diesem Begriff werden im Betriebsbereich in separaten Behältern ölhaltige Betriebsmittel und ölhaltige Abfälle gesammelt. Dazu gehören z. B. abgetropfte Ölfilter, ölgetränkte Putzmittel und Ölbindemittel, ölgetränkte Luftfilter und Fettabfälle.

Altöle
Hierzu gehören ausschließlich gebrauchte Getriebe- und Verbrennungsmotorenöle sowie gebrauchte mineralische und synthetische Maschinen-, Turbinen- und Hydrauliköle.

Batterien
Batterien können umweltgefährdende Stoffe wie z. B. Quecksilber, Cadmium, Blei, Nickel enthalten und werden deshalb nicht als hausmüllähnliche Abfälle entsorgt. Sie werden in besonderen Sammelkästen zusammengefaßt und einer Verwertung oder ordnungsgemäßen Ablagerung zugeführt (Bild 2).

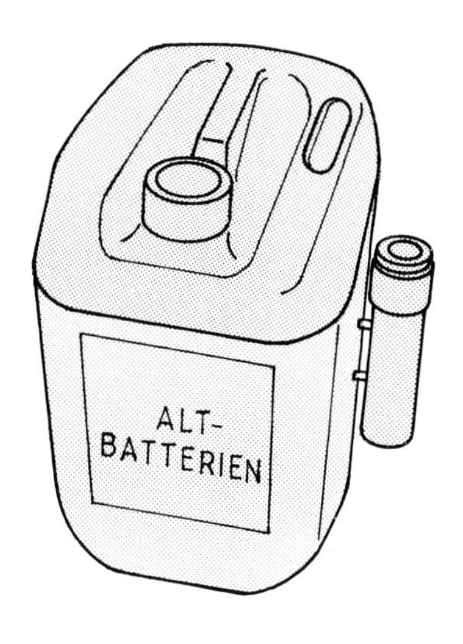

Bild 2 Batteriesammelkasten

Umweltschutz
Abfall

Metallabfälle
Metallschrott und Verpackungsabfälle, wie z. B. Weißblech und Aluminium, werden wegen ihres Materialwertes nahezu vollständig wiederverwertet. Wichtig ist das getrennte Sammeln der Metalle. Je nach anfallender Menge sind kleine Behälter oder besondere Schrottcontainer erforderlich (Bild 1).

Leuchtstofflampen
Leuchtstofflampen werden wie auch alle anderen Entladungslampen als Sondermüll gesondert gesammelt.

Glas
Außer heizbaren Autoscheiben eignen sich alle Glasarten zum Recycling. Das Glas wird gesondert gesammelt.

Farben und Lacke
Farbmittelreste und deren Gebinde werden zusammen in einem Behälter gesammelt und speziell entsorgt.

Beizmittel und Lösemittel
Diese Abfälle gelten als Gefahrstoffe und müssen entsprechend gesammelt, ggf. neutralisiert, behandelt und entsorgt werden.

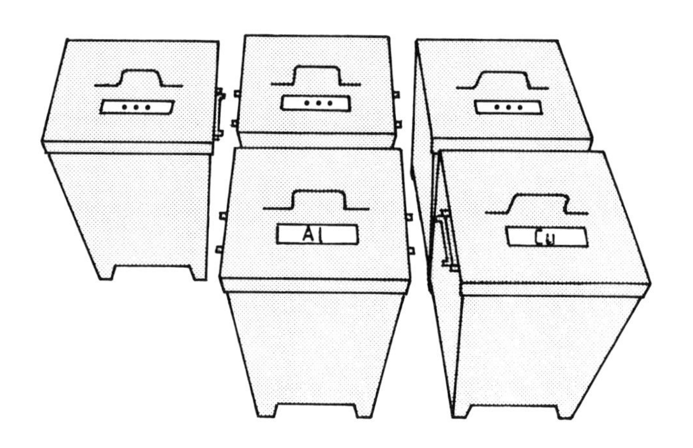

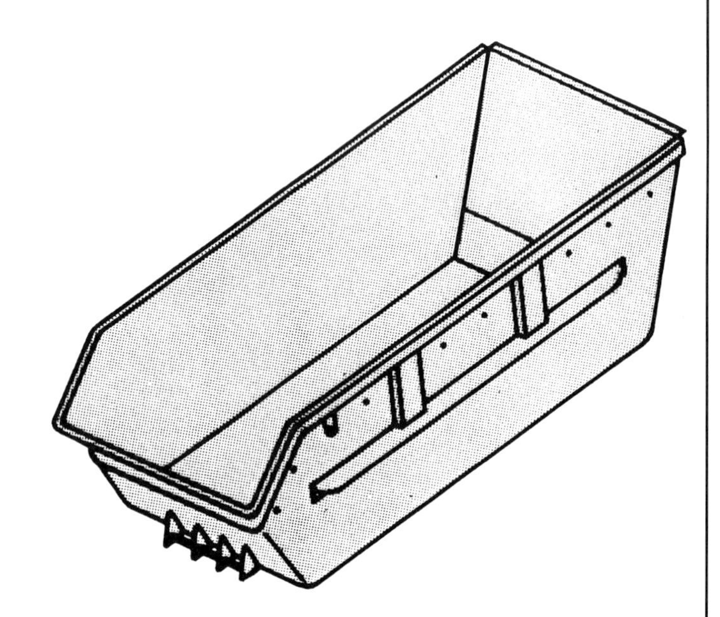

Bild 1 Sammelbehälter für Metallabfälle

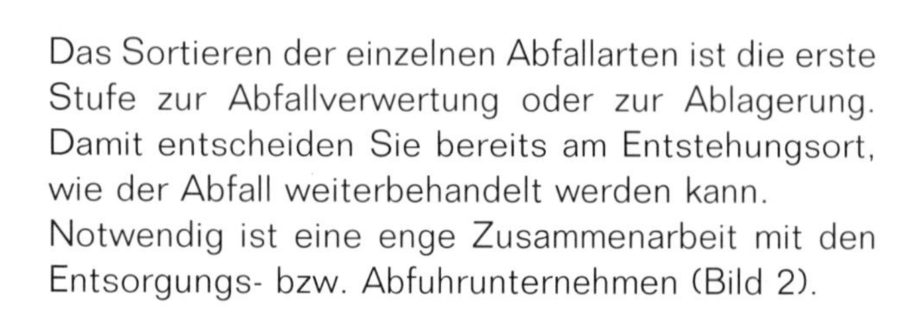
Das Sortieren der einzelnen Abfallarten ist die erste Stufe zur Abfallverwertung oder zur Ablagerung. Damit entscheiden Sie bereits am Entstehungsort, wie der Abfall weiterbehandelt werden kann.
Notwendig ist eine enge Zusammenarbeit mit den Entsorgungs- bzw. Abfuhrunternehmen (Bild 2).

Bild 2 Abfallabfuhr

Wie Luft und Erde gehört Wasser zum Lebensraum. Es bedeckt etwa 3/4 der Erdoberfläche. Wasser ist ein bedeutender Klimafaktor, da es Wärme speichern und dadurch große Temperaturschwankungen ausgleichen kann. Die Verdunstung aus den Weltmeeren, die anschließende Kondensation in der Atmosphäre und schließlich die Niederschläge ergeben einen Kreislauf.

Wasserbedarf

Neben seiner Bedeutung für die Ernährung und als Lebensraum für Tiere und Pflanzen dient das Wasser in Flüssen und Meeren seit Jahrtausenden als wichtiger Verkehrsweg (Bild 1).

Das Wasser spielt bei technischen und chemischen Prozessen eine wichtige Rolle. Als Kühlwasser wird es benutzt, um die bei chemischen und physikalischen Prozessen freiwerdende Wärme abzuführen. Als Prozeßwasser ermögicht es die Durchführung vieler chemischer Reaktionen.

Bild 1 Verkehrsweg Wasser

Das in Haushalt, Gewerbe und Industrie gebrauchte Wasser gelangt als geklärtes Abwasser in das Grund- und Oberflächenwasser zurück. Das erfolgt nach einer mehr oder weniger intensiven Reinigung in Kläranlagen (Bild 2).

Durch technische Maßnahmen kann der private Trinkwasserverbrauch vermindert werden, insbesondere im sanitären Bereich. In der Bundesrepublik werden zwar nur 2 Liter Wasser pro Kopf und Tag als Trinkwasser benötigt, aber insgesamt etwa 150 Liter Wasser in Trinkwasserqualität verbraucht.

In der Industrie werden vor allem durch eine Verwendung von Wasser in geschlossenen Systemen mit Kreislaufführung erhebliche Frischwassermengen eingespart.

Bild 2 Kläranlage

Umweltschutz
Wasser/Abwasser

Neben den natürlichen Belastungen des Wassers (Stoffwechselvorgänge der Menschen, Zersetzung von abgestorbenen Organismen usw.) kommen eine Reihe von Belastungen durch Gewerbe- und Industriebetriebe, öffentliche Einrichtungen und private Haushalte hinzu. Es muß immer wieder geprüft werden, ob das Wasser aus Produktionsbetrieben den Umweltschutzauflagen entspricht oder ob weitere Reinigungsvorgänge nötig sind.

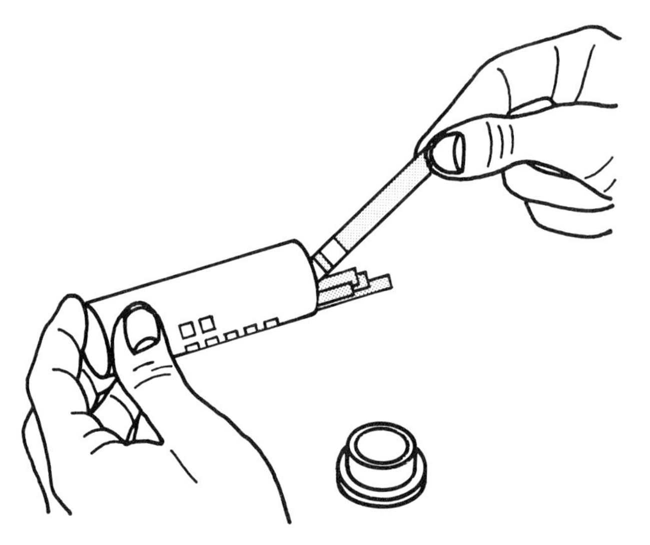

Bild 1 Arbeiten mit einem Teststäbchen

Wasseranalyse

In vielen Fällen macht eine einfache Analyse frühzeitige Diagnosen möglich und hilft, Schäden zu vermeiden. Höchstwerte für mögliche Verunreinigungen sind gesetzlich vorgeschrieben und können meist leicht geprüft werden.
Wichtige Meßwerte sind z. B. der pH-Wert und die Angabe der Wasserhärte. Daneben können auch viele Substanzen (z. B. Blei, Eisen, Ammonium, Phosphat) analysiert werden.

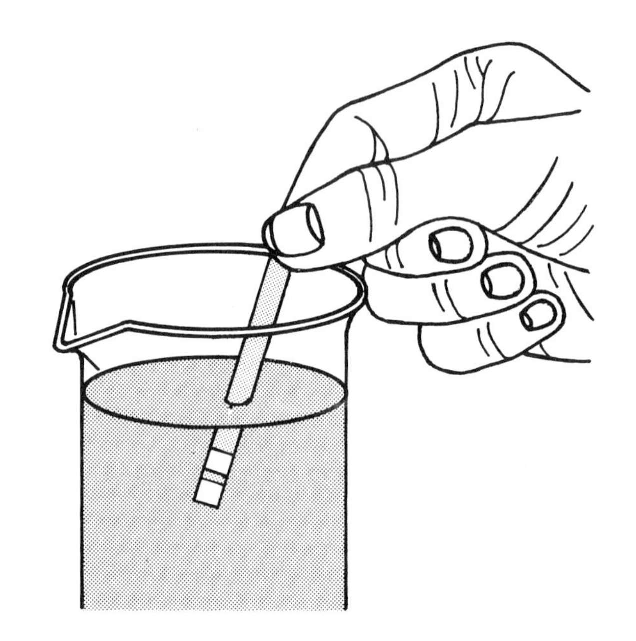

Bild 2 Eintauchen in die Wasserprobe

Es gibt eine Reihe von Testverfahren, die mehr oder weniger aufwendig sind.
Ein einfaches Verfahren ist das Arbeiten mit Teststäbchen oder Indikatorstäbchen (Bild 1). Durch Eintauchen in die Wasserprobe wird eine Verfärbung des Teststreifens erreicht (Bild 2). Der Vergleich mit einer Farbtabelle zeigt den Meßwert an (Bild 3).
Bei mehreren Proben wird ein Mittelwert gebildet.

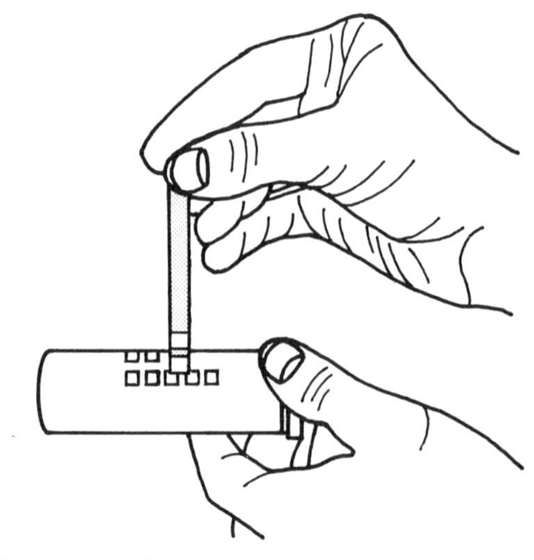

Bild 3 Vergleich mit der Farbtabelle

Bei der spanenden Fertigung ist häufig ein Einsatz von Kühlschmierstoffen erforderlich. Beim Drehen, Fräsen, Schneiden, Schleifen, Bohren und Honen ist die Verwendung von Kühlschmierstoffen oft Voraussetzung für gute Arbeitsergebnisse (Bild 1).

Kühlschmierstoffe

Bei Kühlschmierstoffen handelt es sich wegen ihrer Doppelfunktion Kühlen und Schmieren um Emulsionen.
Am besten kühlen wasserhaltige Flüssigkeiten. Die seifigen und öligen Bestandteile schmieren zugleich. Das Abführen der Späne wird dadurch erleichtert. Emulsionen bestehen im Gegensatz zu Lösungen im wesentlichen aus zwei oder mehreren nicht mischbaren Flüssigkeiten, wobei die eine Flüssigkeit in Form kleinster Tröpfchen in der anderen Flüssigkeit verteilt ist.
Kühlschmierstoffe enthalten außerdem oft Wirkstoffe für spezifische Eigenschaften. Dies sind z. B.
- Hochdruckwirkstoffe,
- Walzwirkstoffe sowie
- Wirkstoffe gegen Korrosion,
- Wirkstoffe gegen Pilzbefall und
- Wirkstoffe gegen störende Schaumentwicklung.

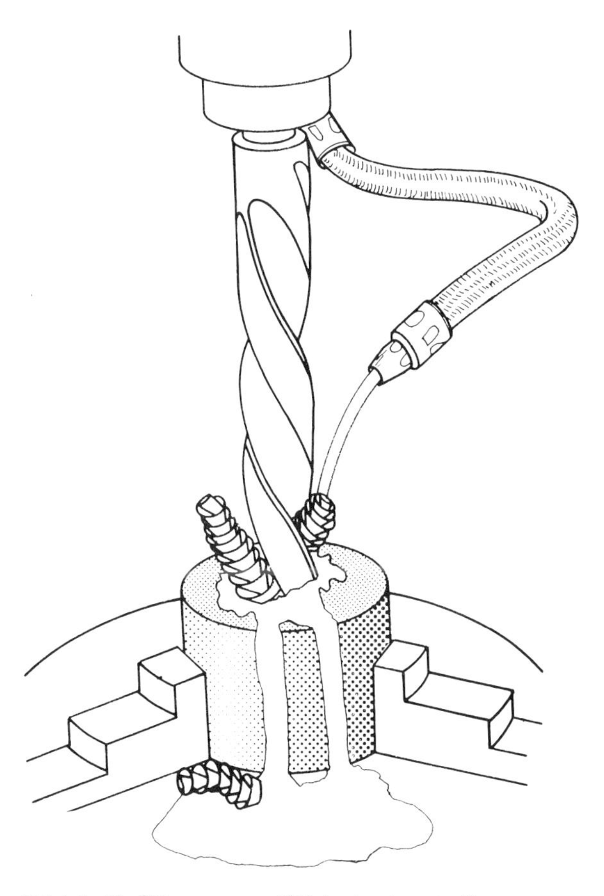

Bild 1 Zuführen von Kühlschmierstoff

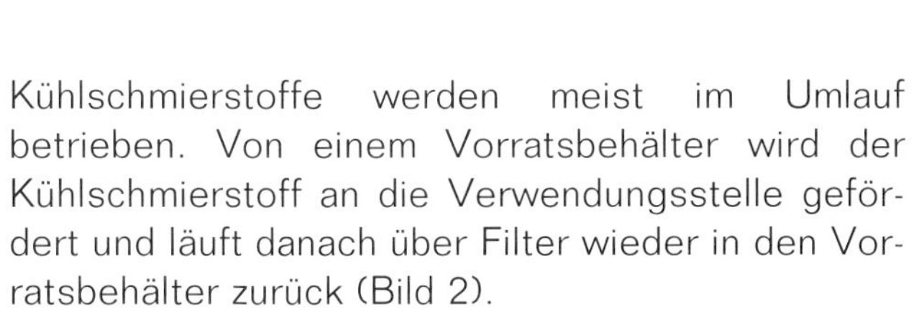

Kühlschmierstoffe werden meist im Umlauf betrieben. Von einem Vorratsbehälter wird der Kühlschmierstoff an die Verwendungsstelle gefördert und läuft danach über Filter wieder in den Vorratsbehälter zurück (Bild 2).
Nach einiger Betriebszeit müssen Kühlschmierstoffe abgelassen und erneuert werden. Gebrauchte Kühlschmierstoffe enthalten Fremdstoffe in Form von Metallabrieb, Schleifstaub, Feinspäne usw. Deshalb wird eine Entsorgung als Sonderabfall nötig.

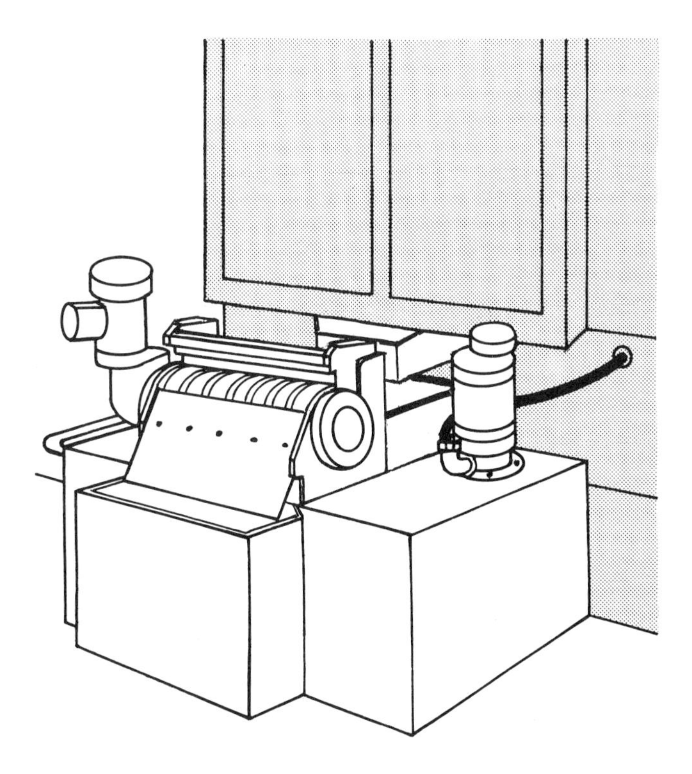

Bild 2 Reinigen von Kühlschmierstoff (z. B. mit Magnet-Walzenfilter)

Für viele Arbeitsprozesse wird Wasser eingesetzt und dabei mehr oder weniger stark verunreinigt. Welche Maßnahmen zur Abwasseraufbereitung für welchen Arbeitsprozeß geeignet sind, hängt von der spezifischen Eigenart des jeweiligen Betriebs und von dessen Größe ab.

Abwasser

Im Kraftfahrzeugbereich sind z. B. für Tankstellen und Waschanlagen Abscheider im Abwassersystem vorgeschrieben. Mit diesen Abscheidern werden Flüssigkeiten mit unterschiedlicher Dichte getrennt, um z. B. umweltbelastende Flüssigkeiten wie Benzin und Öl aus den Abwässern zu entfernen.
Bei einer KFZ-Waschanlage kann über eine entsprechende Abwasserbehandlung, z. B. Schlammfang und Leichtflüssigkeitsabscheider, das Abwasser so aufbereitet werden, daß es in einem Kreislaufverfahren wiederverwendet werden kann (Bild 1).

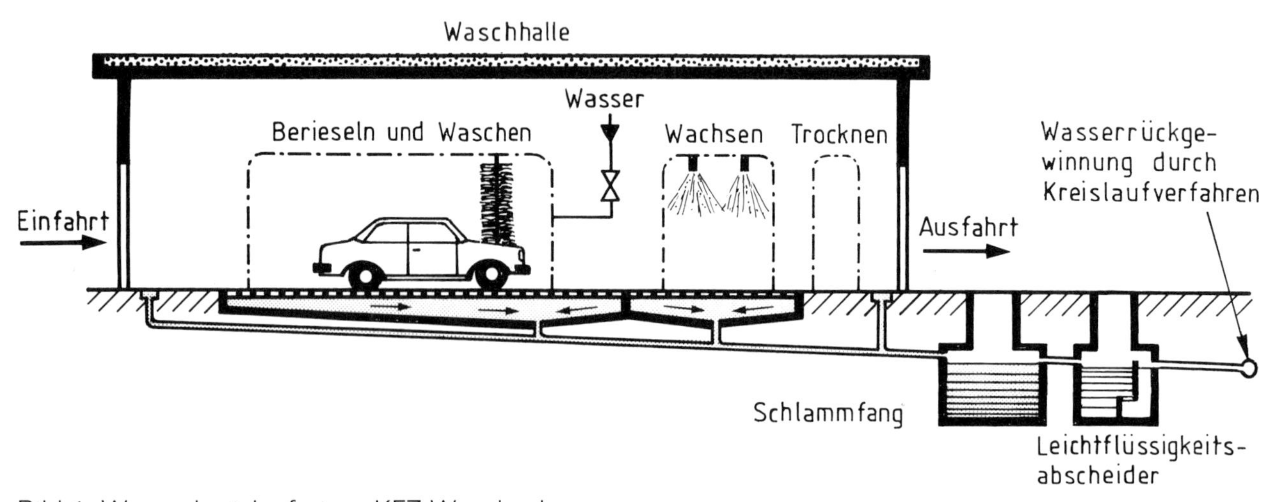

Bild 1 Wasserkreislauf einer KFZ-Waschanlage

Gewässer besitzen die Fähigkeit der Selbstreinigung. Darunter wird der Abbau sauerstoffzehrender Verbindungen verstanden. Diese Selbstreinigung ist umso höher, je mehr Sauerstoff in das Gewässer gelangt. Turbulenz, Strömung und Temperatur fördern die Selbstreinigung.
Bei hoher organischer Belastung wird der Sauerstoffgehalt der Gewässer stark reduziert, so daß Wassertiere und Wasserpflanzen zugrunde gehen.
Stickstoff und Phosphor sind für Pflanzen und Kleinlebewesen unentbehrliche Nährstoffe. Erhöhte Konzentrationen fördern jedoch den Pflanzenwuchs, vor allem bei Algen. Das führt als Folge von Sauerstoffmangel zum Faulen abgestorbener Organismen.

Das Vermeiden oder Vermindern von Schadstoffen im Abwasser ist natürlich erheblich billiger als eine Entsorgung in besonderen Anlagen. Zur Abwasserreinigung gibt es verschiedene Methoden, die im wesentlichen
- mechanische,
- chemische,
- biologische,
- physikalische oder
- andere spezielle Verfahren sind.

Abwasserreinigung

Die biologische Abwasserreinigung ist die wichtigste und universellste Art der Reinigung. Mit Hilfe von Mikroorganismen werden organische Schmutzstoffe abgebaut.

Bei der mechanischen Abwasserreinigung werden die Grobstoffe in einem Gitterwerk zurückgehalten, die Grobstoffe werden verbrannt oder deponiert. Im Schwimmstoffabscheider sammeln sich Stoffe mit gegenüber dem Wasser niedrigerer Dichte (Fette, Öle) an der Oberfläche und können dann abgezogen werden.

Zum Vermeiden von Umweltverschmutzungen ist es wichtig, daß alle Bodenabläufe mit leistungsfähigen, ausreichend dimensionierten Ölabscheidern versehen sind. In den Abscheidern trennen sich mitgerissenes Öl, Fett und Reinigungsflüssigkeit von Wasser und schwimmen auf. Die Öl- und Fettschicht muß regelmäßig abgepumpt und als Sonderabfall entsorgt werden. Ein Ölabscheider arbeitet nur dann einwandfrei, wenn sich Öl und Fett bzw. Reiniger leicht vom Wasser trennen und keine Emulsion bilden.

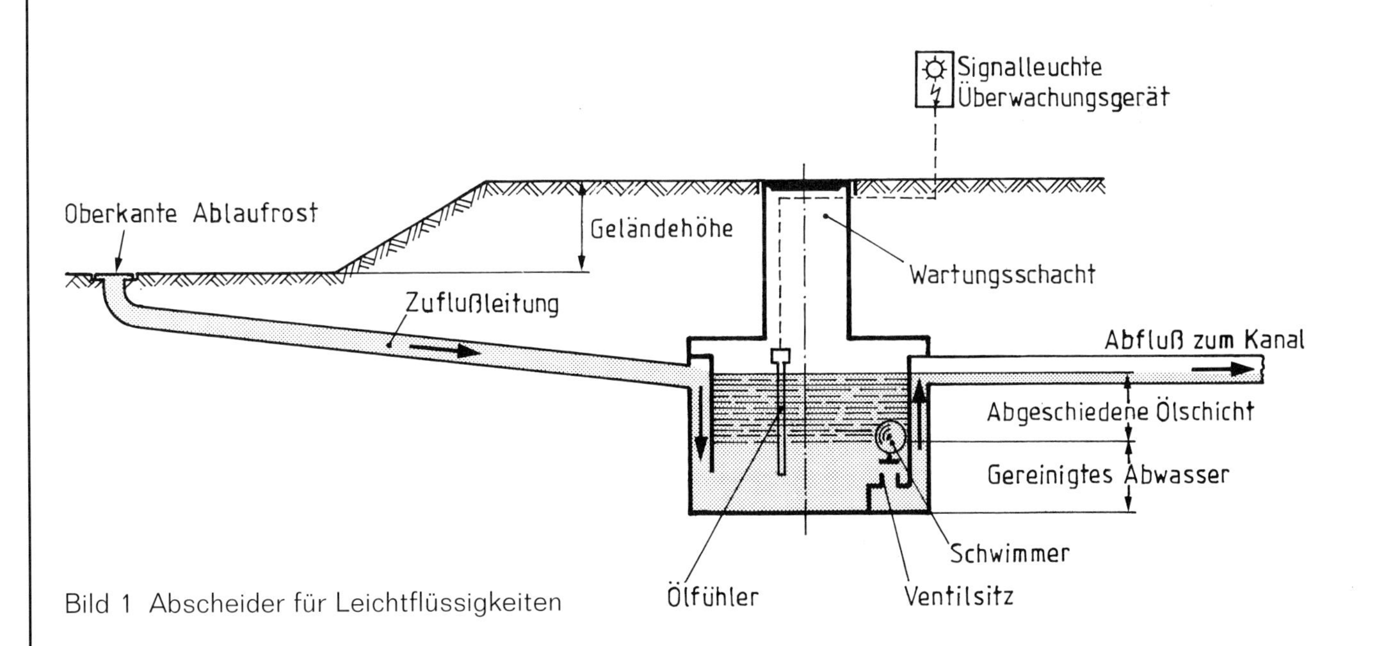

Bild 1 Abscheider für Leichtflüssigkeiten

Bei der chemischen Abwasserreinigung werden saure bzw. alkalische Abwasser neutralisiert. Dabei werden z. B. bakterienschädliche Metallionen ausgefällt oder ausgeflockt und aus dem Abwasser entfernt. Sehr fein verteilte Verunreinigungen wie z. B. Eisen- oder Aluminiumsalze lassen sich mit Flockungsmitteln niederschlagen und entfernen.

Umweltschutz
Wasser/Abwasser

Neben Kühlschmierstoffen werden in der Fertigung auch viele andere wassergefährdende Stoffe verwendet. Dies sind vor allem Hydrauliköle, Schmierstoffe aber auch Lösemittel zum Reinigen und Entfetten. In diesen Stoffen können Zusätze wie z. B. Chlor, Phosphor und Schwefel enthalten sein.
Zum Lagern, Abfüllen, Behandeln und zur Verwendung dieser Stoffe sind besondere Anlagen notwendig.

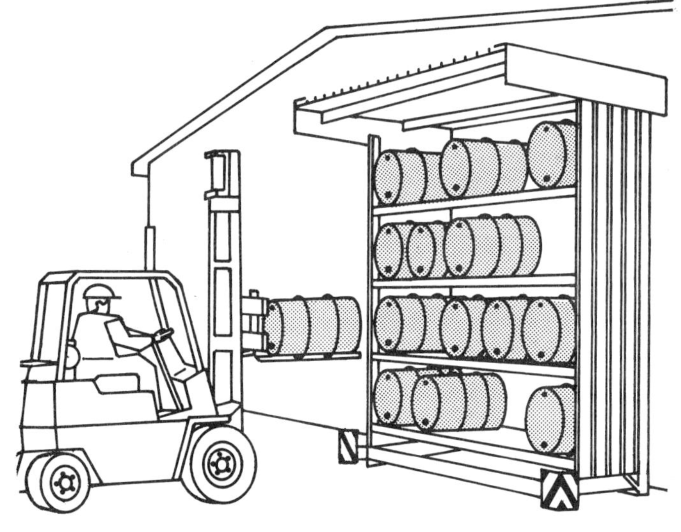

Bild 1 Faßregalanlage

Umgang mit wassergefährdenden Stoffen

Für den Transport werden Fässer und andere Behälter verwendet, die sicher gelagert werden müssen (Bild 1).
Wassergefährdende Stoffe dürfen nur in der für den Fortgang der Arbeit erforderlichen Menge bereitgestellt werden. Die benötigte Menge wird in geeignete Transportgefäße gefüllt. Zum Abfüllen werden Pumpen, Schläuche und Rohrleitungen verwendet (Bild 2).
Die Anschlüsse an Faßpumpen sind auf korrekten Sitz und Dichtigkeit zu prüfen, Schlauchanschlüsse sind gegen Abgleiten zu sichern. Verwenden Sie ausreichend bemessene Einfülltrichter.
Zusätzliche Sicherheit beim Abfüllen geben Auffangwannen, die auch transportabel sein können (Bild 3).

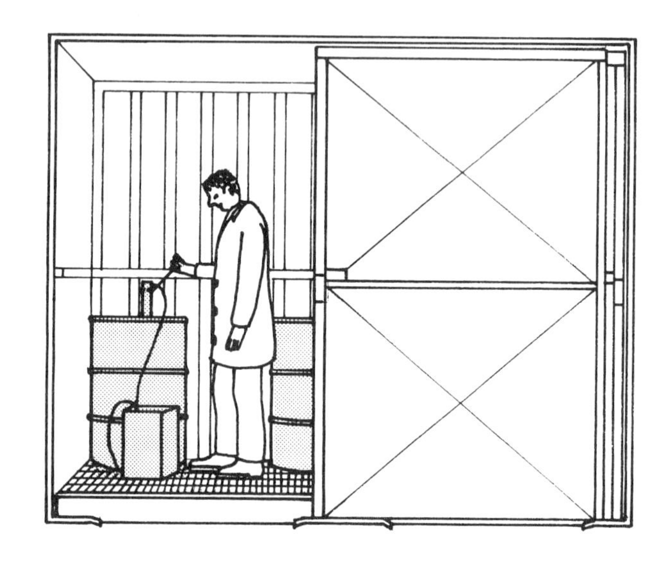

Bild 2 Abfüllen mit der Faßpumpe

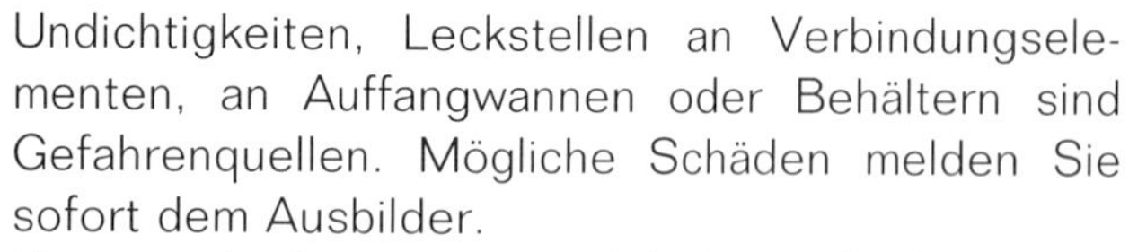

Undichtigkeiten, Leckstellen an Verbindungselementen, an Auffangwannen oder Behältern sind Gefahrenquellen. Mögliche Schäden melden Sie sofort dem Ausbilder.
Um ausgelaufene wassergefährdende Stoffe zu entfernen, werden oft Bindemittel verwendet, die dann als Sondermüll entsorgt werden müssen.
Wie groß die Gefahr einer Umweltverschmutzung ist, zeigt die Tatsache, daß bereits ein Liter Öl eine Million Liter Wasser verunreinigt und ungenießbar macht.

Durch Zustandskontrollen werden Unregelmäßigkeiten erkannt und behoben. Die Kontrolle des Flüssigkeitsspiegels läßt z. B. verdeckte Leckschäden frühzeitig erkennen.

Bild 3 Verwendung einer Auffangwanne

Auch Luft ist wie das Wasser eine Lebensgrundlage für Menschen, Tiere und Pflanzen. Natürliche Luft ist ein Gasgemisch aus
78,09 % Stickstoff (N),
20,95% Sauerstoff (O),
0,93 % Edelgase und
0,03 % Kohlendioxid (CO_2).

Luft

Luft wird bei der Durchführung vielfältiger technologischer Aufgaben genutzt. Neben dem Heizen und Kühlen wird Luft auch zum Transport von Feststoffen (Bild 1) und Flüssigkeiten verwendet.
Weitere Anwendungsgebiete sind die Wasseraufbereitung, das Trennen von Feststoffgemischen, das Trocknen feuchten Gutes und das Versprühen von Flüssigkeiten, Dispersionen und Feststoffen (Bild 2).

Bild 1 Saugen eines Schüttgutes

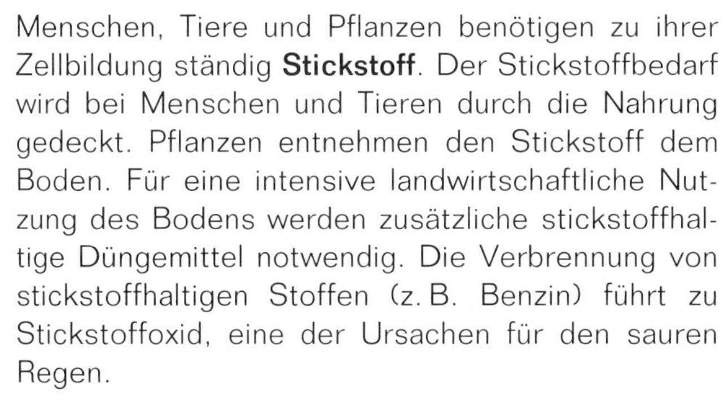

Menschen, Tiere und Pflanzen benötigen zu ihrer Zellbildung ständig **Stickstoff**. Der Stickstoffbedarf wird bei Menschen und Tieren durch die Nahrung gedeckt. Pflanzen entnehmen den Stickstoff dem Boden. Für eine intensive landwirtschaftliche Nutzung des Bodens werden zusätzliche stickstoffhaltige Düngemittel notwendig. Die Verbrennung von stickstoffhaltigen Stoffen (z. B. Benzin) führt zu Stickstoffoxid, eine der Ursachen für den sauren Regen.

Sauerstoff wird bei der Atmung der Lebewesen, sowie bei Verbrennungs-, Verrottungs- und Verwesungsprozessen verbraucht. Bei diesen Vorgängen entsteht Kohlendioxid.
Pflanzen nehmen für ihr Wachstum **Kohlendioxid** aus der Luft und Wasser aus dem Boden auf. Unter Einwirkung des Sonnenlichtes entstehen die nötigen Kohlehydrate. Bei diesem Vorgang wird wieder Sauerstoff frei.

Kohlendioxid verhindert, daß zuviel Wärme in den Weltraum zurückstrahlt und regelt so die Temperatur der Erde.
Beim Verbrennen der fossilen Energieträger (z. B. Kohle, Erdöl) entsteht jedoch Kohlendioxid in einem Übermaß und reichert sich in der Atmosphäre über den natürlichen Bedarf hinaus an. Das führt zu einer allgemeinen Erwärmung des Erdklimas (Treibhauseffekt).

Bild 2 Elektrostatisches Pulverbeschichten

Umweltschutz
Luft/Abluft

Beeinträchtigungen und Einwirkungen durch Staub und Abgase sind nicht erst mit dem Entstehen des industriellen Zeitalters in Erscheinung getreten. Klagen über schädlichen Rauch sind so alt wie die Verbrennung von Kohle. In der Gründerzeit des vorigen Jahrhunderts waren rauchende Schlote allerdings Symbole des Gewerbefleißes.

Schon 1240 wurde in Deutschland durch Kaiser Friedrich II ein Edikt über die Reinhaltung der Luft, der Gewässer und des Bodens erlassen. 1273 erging in London ein Verbot, während der Dauer von Parlamentssitzungen Kohle zu verbrennen.

Luftverunreinigungen

Die Abgabe luftfremder Stoffe in die Atmosphäre, z. B. der Ausstoß von Rauchgasen aus einem Kamin, wird als **Emission** bezeichnet. Dagegen werden unter **Immission** die örtlich auf Menschen, Gebäude, Tiere und Pflanzen einwirkenden luftfremden Stoffe verstanden (Bild 1).

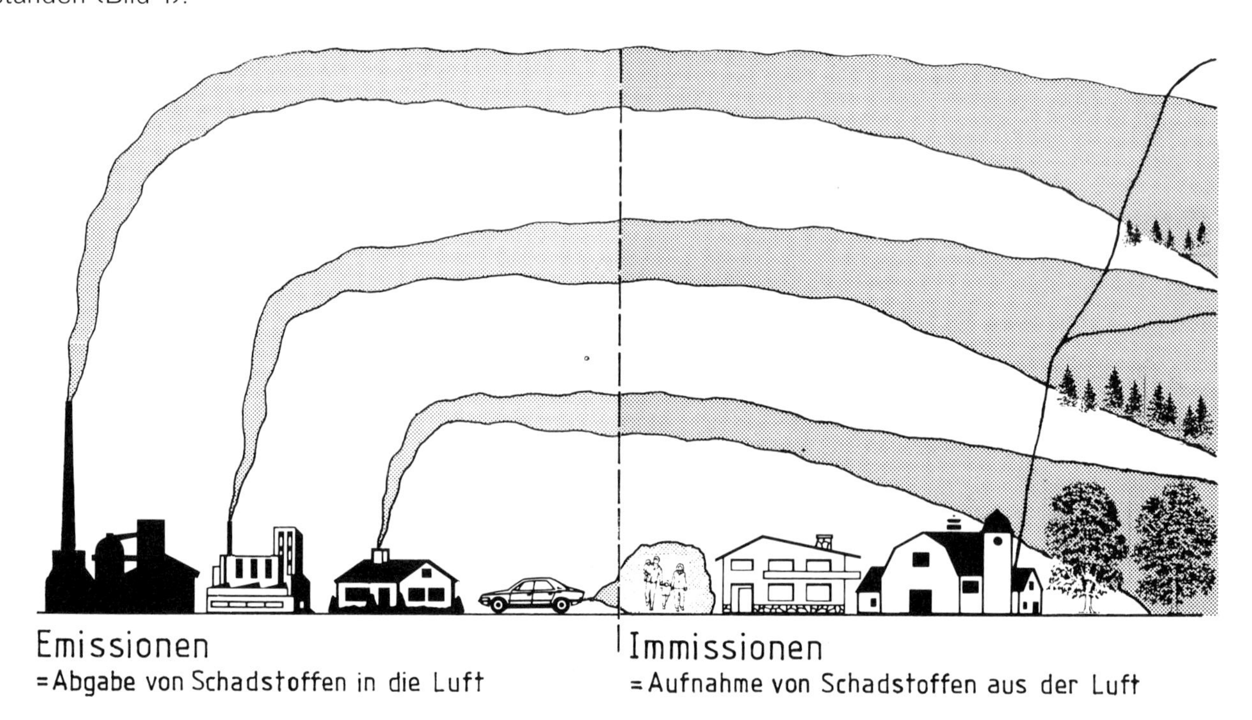

Bild 1 Emission und Immission

Für die Beurteilung von Emissionen und Immissionen spielen die Konzentration und die Dauer der Abgabe bzw. der Einwirkung eine Rolle. Die Zusammenhänge zwischen Emissionen und Immissionen sind recht kompliziert, weil die Ausbreitung und Verdünnung der Luftverunreinigungen vielen Einflüssen unterliegen.
Hierzu gehören z. B. die Höhe der Emissionsquelle (Schornsteinhöhe), das Ausbreitungsverhalten, die Temperatur und Geschwindigkeit der austretenden Abgase sowie die jeweiligen Wetterbedingungen, beispielsweise die Windrichtung, Windgeschwindigkeit, Niederschlagsmenge oder Sonneneinstrahlung.

Luftverunreinigungen sind Veränderungen der natürlichen Zusammensetzung der Luft, insbesondere durch Rauch, Ruß, Staub, Gas, Aerosole, Dämpfe oder Geruchsstoffe.
Zu den staubförmigen Verunreinigungen der Luft zählen Kohle- und Aschenpartikel, Fluoride, Asbest und die Oxide von Metallen wie Eisen, Blei, Zink und Cadmium.
Gasförmige Verunreinigungen sind z. B. Kohlenmonoxid, Schwefeldioxid, Stickstoffoxide, Ammoniak und flüchtige Kohlenwasserstoffe. Ihre vermeintlich geringe Konzentration darf nicht über mannigfaltige gefährliche Auswirkungen hinwegtäuschen.

Saubere Luft ist geruch- und geschmacklos. Luftverunreinigungen beeinträchtigen häufig den Geruch der Luft. Mit der Nase kann der Mensch viele Geruchsstoffe noch in großer Verdünnung wahrnehmen, ist aber dazu bei anderen Luftverunreinigungen selbst in hohen Konzentrationen nicht in der Lage. So ist beispielsweise das Kohlenmonoxid aus Feuerungsanlagen oder Autoabgasen völlig geruchlos, während unsere Nase den harmlosen Duftstoff der Vanille bereits in sehr kleinen Konzentrationen riechen kann.

Messung von Schadstoffen

Damit die Schadstoffbelastung am Arbeitsplatz und in der Umwelt kleingehalten wird, müssen viele unterschiedliche Gase, Dämpfe und Aerosole überwacht werden.
Bestimmte Arbeitsplatzkonzentrationen dürfen nicht überschritten werden. Ein einfaches System zur Messung von Luftschadstoffen sind Meßröhrchen in Verbindung mit einer Gasspürpumpe.

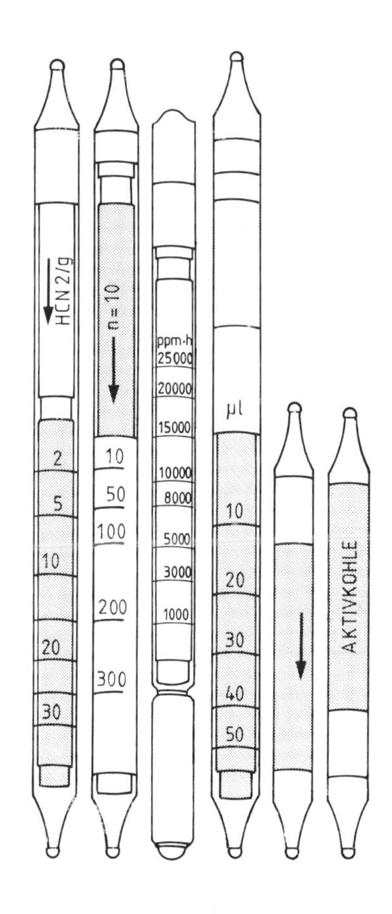

Bild 1 Meßröhrchen

Es gibt eine große Anzahl verschiedener Röhrchen, mit denen sich viele unterschiedliche Gase und Dämpfe messen lassen (Bild 1). Zusammen mit einer handbetätigten Gasspürpumpe haben Sie ein vielseitig anwendbares Kurzzeit-Meßsystem. Die Meßzeit ist abhängig von der Hubzahl und dem Strömungswiderstand des Prüfröhrchens.
Zur Messung werden die beiden zugeschmolzenen Enden der Röhrchen geöffnet. Mit der Gasspürpumpe wird eine bestimmte Menge Luft hindurchgesaugt (Bild 2). Am Röhrchen kann die gemessene Konzentration abgelesen werden.

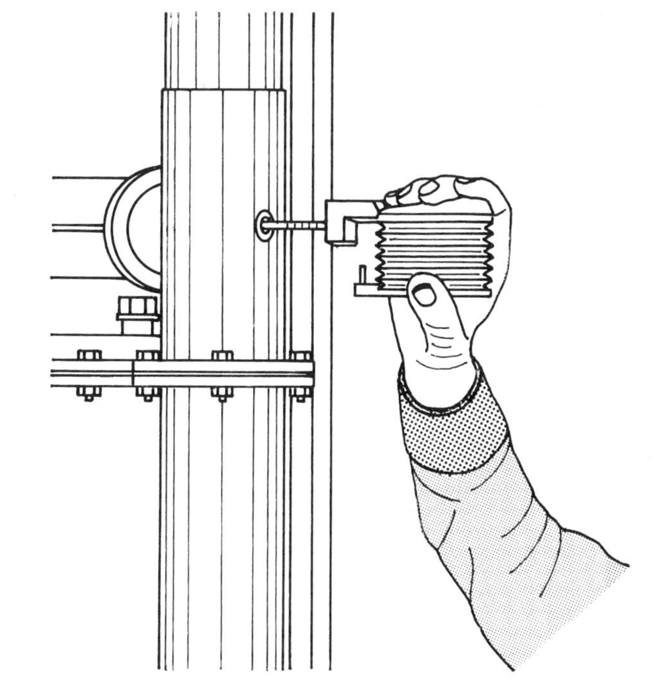

Bild 2 Arbeiten mit der Gasspürpumpe

Umweltschutz
Luft/Abluft

Zur Verminderung der Emissionen von Kraftwerken, Industrie- und Gewerbetrieben sowie Kraftfahrzeugen sind eine Reihe von spezifischen Abluftreinigungsverfahren entwickelt worden.

Luftreinhaltung

Staub tritt bei einer Reihe von technischen Prozessen wie z. B. Mahlen, Sieben, Trocknen und Abfüllen von festen Materialien als unerwünschter Begleiter auf. Als Staub werden feste Teilchen mit Korngrößen unter 0,2 mm bezeichnet. Rauch, der Staub aus Verbrennungsprozessen dagegen, hat Korngrößen bis 0,001 mm und kleiner.
In Abluftströmen werden zur Staubabscheidung mehrere Verfahren, häufig auch in Kombinationen, angewendet.
Möglichkeiten zur Staubabscheidung sind z. B.
- das Absinkenlassen in Beruhigungskammern mit Prallblechen unter Ausnutzen der Schwer- und Trägheitskraft,
- Abscheidung in Zentrifugalabscheidern (Zyklonen) unter Ausnutzung der Fliehkraft (Bild 1),
- Abscheidung in Filtern auf der Oberfläche poröser Tücher oder Filze,
- Abtrennung in Elektrofiltern durch Aufladung der Staubteilchen an einer Sprühelektrode und Abscheidung an der geerdeten Niederschlagselektrode,
- Abtrennung in Naßwäschern durch Bindung der Staubteilchen an eine Waschflüssigkeit und Ausschleusen der feststoffbeladenen Flüssigkeit.

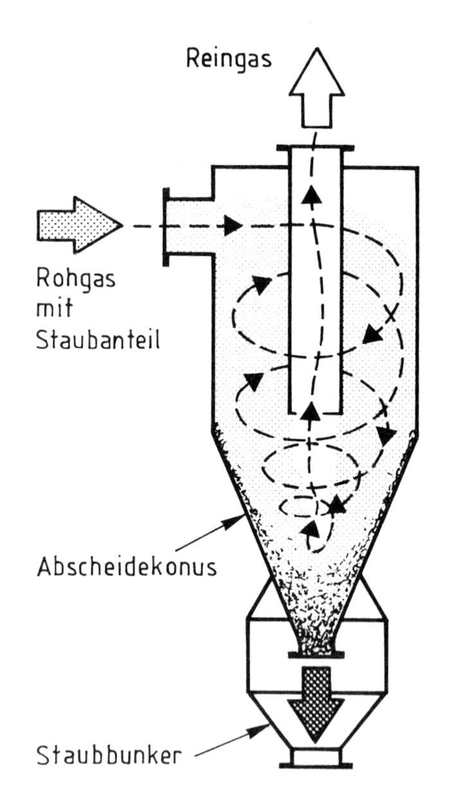

Bild 1 Staubabscheider

Gasförmige Verunreinigungen der Abluft werden u. a. durch Abkühlen der Gase und Abtrennung der kondensierten Flüssigkeit oder durch katalytische bzw. thermische Oxidation (Verbrennung) der gasförmigen Verunreinigungen in einer Abgasfackel entfernt.

Abgase von Kraftfahrzeugen enthalten als Schadstoffe hauptsächlich Kohlenmonoxid, Kohlenwasserstoffe und Stickstoffoxide. Durch den Einsatz von Katalysatoren in den Abgasleitungen kann der Schadstoffausstoß von Benzinmotoren erheblich reduziert werden (Bild 2).
Der Bereich, in dem hohe Umwandlungen für die Schadstoffe im Abgas erreicht werden, wird als "Lambda-Fenster" bezeichnet (Bild 3). Die Lambda-Sonde vor dem Katalysator mißt die Konzentration von Sauerstoff im Abgas und bewirkt die Regelung der in den Motorraum gelangenden Kraftstoff- und Verbrennungsluftmengen.

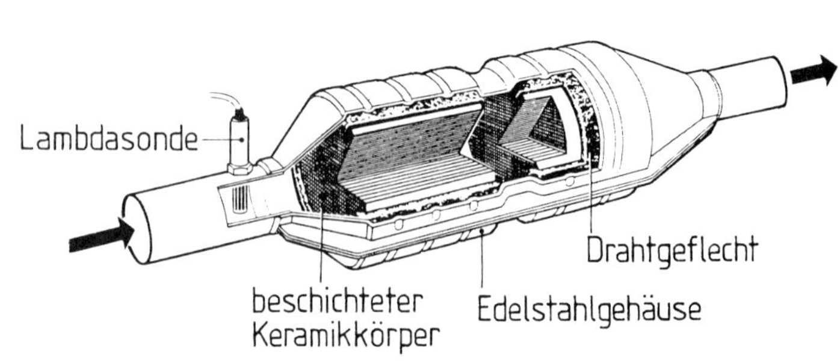

Bild 2 Katalysator bei Benzinmotoren

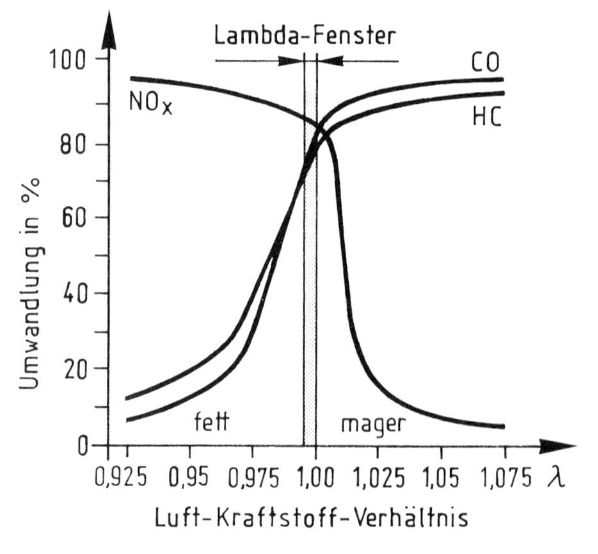

Bild 3 Wirkung der Lambda-Sonde

Viele Menschen werden durch Lärm belästigt. Lärm ist unerwünschter Schall. Lärmquellen und ihr Anteil an den Belastungen eines Stadtgebietes sind in Bild 1 dargestellt.

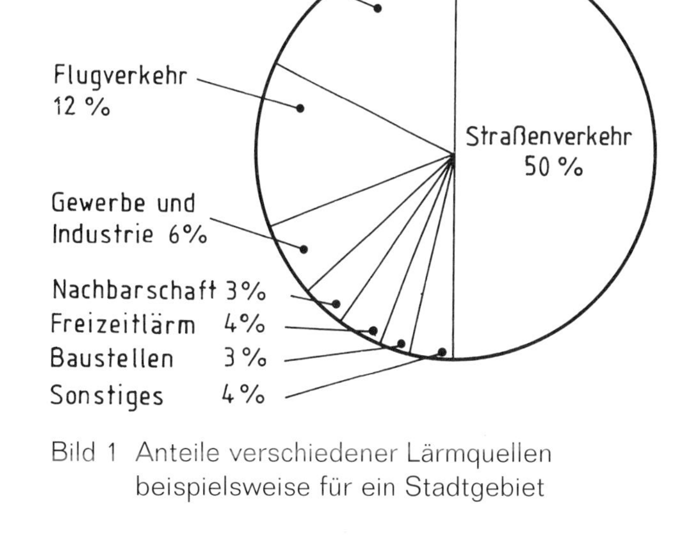

Bild 1 Anteile verschiedener Lärmquellen beispielsweise für ein Stadtgebiet

Lärm

Über die reine Belästigung hinaus, kann Lärm zu schweren Erkrankungen führen. Eine weit verbreitete Berufskrankheit ist die Lärmschwerhörigkeit. Dem beinahe ständig und überall auftretenden Lärm kann sich kaum jemand entziehen. Jeder ist aber nicht nur Betroffener, sondern auch Erzeuger von Lärm wie z. B. als Teilnehmer am Straßenverkehr, als Musikliebhaber an der heimischen Anlage oder auch als Flugtourist.

Beim menschlichen Ohr trifft der durch den Gehörgang kommende Schall auf das Trommelfell und regt es zu Schwingungen an. Diese Bewegung wird im Mittelohr durch die drei Gehörknöchelchen Hammer, Amboß und Steigbügel auf eine Membran und von dort auf die in der Gehörschnecke befindliche Flüssigkeit übertragen. Deren Bewegungen werden von Nervenfaserenden in Nervenreize umgesetzt, die über den Gehörnerv ins Gehirn gelangen (Bild 2).

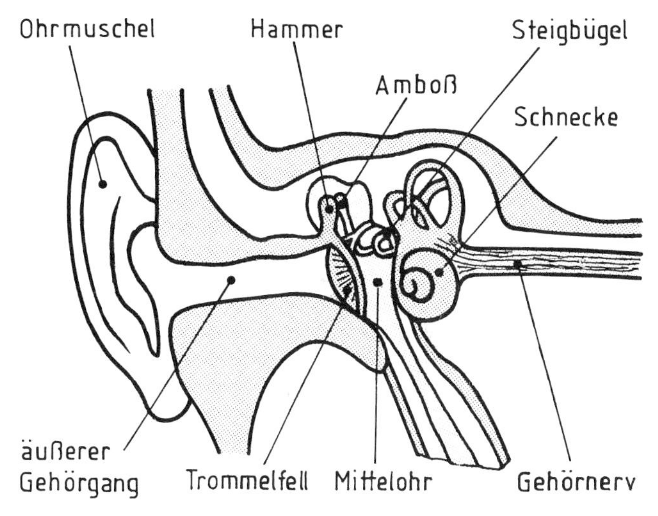

Bild 2 Das menschliche Ohr

Bild 3 gibt die Schallpegel in 4 m Abstand von der jeweils genannten Schallquelle an. Diese Schallpegelmessungen werden in der Einheit Dezibel (dB) angegeben. Der Zusatz (A), also die Bezeichnung dB (A), berücksichtigt zusätzlich die Eigenschaft des menschlichen Ohres, gleiche Schalldrücke mit unterschiedlichen Frequenzen (Tonhöhen) unterschiedlich stark zu empfinden. Der Hörbereich des Menschen reicht von 0 dB (A) bis etwa 120 dB (A), wobei hier bereits die Schmerzschwelle erreicht wird.

In Betrieben gibt die Arbeitsstättenverordnung einen Grenzwert von 85 dB (A) vor, der zur gesundheitlichen Vorsorge nicht überschritten werden soll.

Schallquelle	dB(A) in 4 m Abstand	
(Hörschwelle)	0	
Taschenuhrticken	10	
Blätterrauschen	20	
Flüstern	30	
normales Sprechen	40	
Schreibmasch. schreiben	50	
Lautsprechermusik, normal	60	
Maschinenlärm	70	
starker Straßenlärm	80	
	85	Grenzwert im Betrieb
Motorradlärm	90	
laute Autohupe	100	
Niethammer	110	
Flugzeugmotor	120	
(Schmerzschwelle)	130	

Bild 3 Schallpegel in 4 m Abstand

Umweltschutz
Lärm

Das Anwachsen der Bevölkerungsdichte auf den bewohnten Flächen hat zur Folge, daß die mehr oder weniger vermeidbaren Geräusche, die mit dem Leben, dem Verkehr, der Industrie und der Arbeit verbunden sind, zu einer Plage bzw. Belastung der Menschen werden. Man sucht daher nach Möglichkeiten zur Herabsetzung der Lärmentstehung, zumal Geräusche auch ein Anzeichen für eine Unvollkommenheit im mechanischen Bewegungsablauf sind.

Die wirkungsvollste Maßnahme zum Lärmschutz ist das Bestreben, Lärm erst gar nicht entstehen zu lassen. Jeder sollte sich in diesem Sinne angesprochen fühlen, wenn er im beruflichen oder privaten Bereich Geräte benutzt oder Maschinen bzw. Anlagen in Betrieb setzt.

Bild 1 Kapselung lauter Anlagen

Lärmschutz

Alle Möglichkeiten, den Lärm zu mindern, verringern die Belastung auf den menschlichen Körper und besonders auf das Gehör. Eine Minderung der Lärmbelastung kann durch eine Senkung des Schallpegels oder durch eine Verkürzung der Einwirkungszeit erreicht werden.
Maßnahmen zur Verringerung von Lärm sind:
- konstruktive Maßnahmen,
- Verwendung lärmarmer Werkstoffe,
- Kapselung lauter Anlagen (Bild 1),
- Anbringung von Schutzeinrichtungen,
- Verlegung des Arbeitsplatzes in lärmgeschützte Räume,
- Vergrößerung des Abstandes zwischen Lärmquelle und Menschen,
- Minderung durch organisatorische Maßnahmen,
- persönliche Schutzausrüstung.

Lärmintensive Werkstattbereiche sind mit einem Gebotsschild "Gehörschutz tragen" gekennzeichnet.

Die Unfallverhütungsvorschrift "Lärm" (UVV Lärm) hat das Ziel, Gehörschäden zu vermeiden und verbindliche Regelungen für eine Gehörüberwachung zu treffen. Sie legt außerdem die Pflicht des Arbeitnehmers zum Tragen von Gehörschutzmitteln fest, wenn der Grenzwert von 85 dB (A) überschritten wird. Zu den Gehörschutzmitteln gehören:
- Gehörschutzwatte,
- Gehörschutzstöpsel,
- Gehörschutzhelme,
- Gehörschutzkapseln (Bild 2).

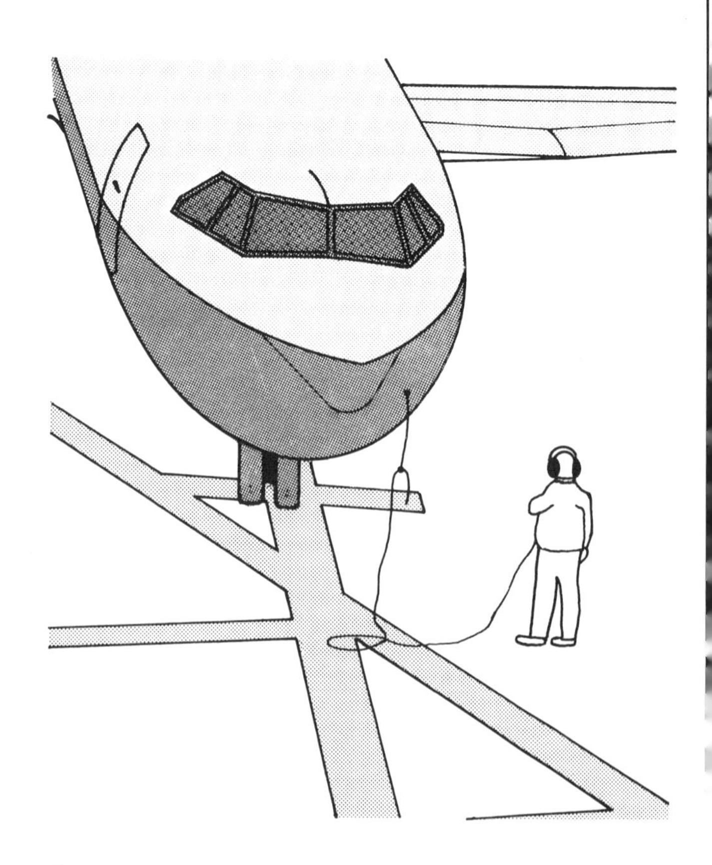

Bild 2 Lärmschutz durch Gehörschutzkapseln

"Lärm" bzw. der Begriff "Geräusche" ist wohl die älteste als schädlich anerkannte Umweltbelastung. Der gleiche Schallvorgang löst bei mehreren Personen, aber auch sogar bei einer Person, unter verschiedenen Bedingungen ganz unterschiedliche Reaktionen aus.
Für die Messung von Schallvorgängen sind Meßgeräte entwickelt worden, die auf das menschliche Hörempfinden abgestimmt sind.

Messung von Lärm

Mit dem Schallpegelmeßgerät (Bild 1) können Sie sowohl Kurzzeit- oder Langzeitmessungen durchführen. Es werden personenbezogene (am Ohr) und stationäre (im Raum, in der Halle) Messungen unterschieden.
Die Schallpegelmessung erfolgt meist mit der "Bewertung A", also in dB(A). Dabei sind vor allem die tiefen Frequenzen unterdrückt.
Durch Umschalten können verschiedene Meßbereiche eingestellt werden.

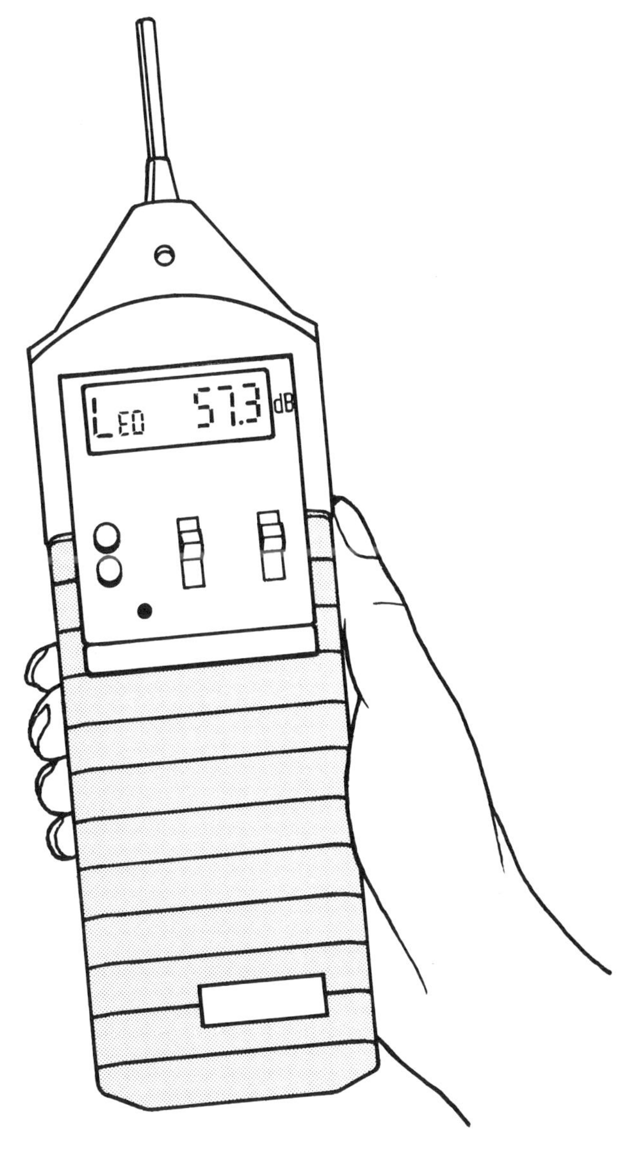

Bild 1 Schallpegelmeßgerät

Ein Unterschied von 10 dB(A) entspricht einer Verdoppelung oder Halbierung des empfundenen Lärms.

Das bedeutet, daß 10 Autos doppelt so laut empfunden werden wie 1 Auto. Der Schallpegel steigt dabei z. B. von 70 auf 80 dB(A) (Bild 2).

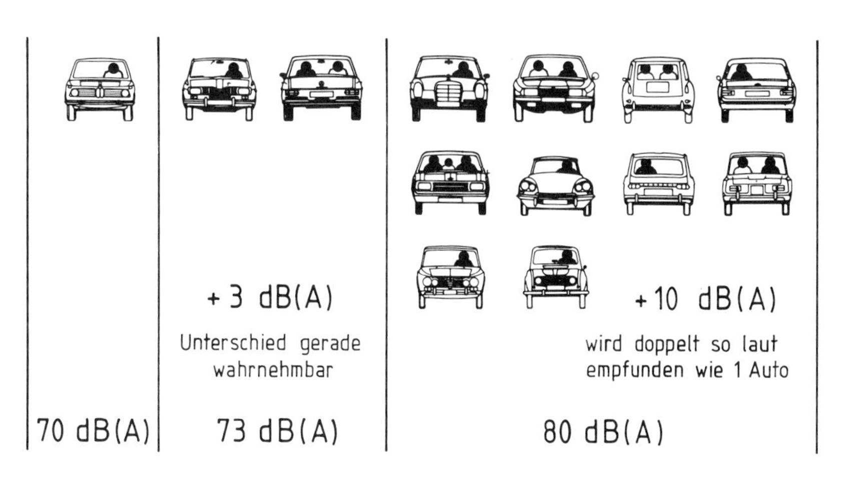

Bild 2 Veränderung des Lärmempfindens

In vielen Arbeitsbereichen müssen chemische Stoffe verwendet werden, die oft gesundheitsschädlich sind. Der Ersatz durch geeignete ungefährliche Stoffe ist in diesen Fällen meist nicht möglich.

Kennzeichnung von Gefahrstoffen

Gefahrstoffe sind gefährliche Stoffe, durch deren Einwirkung das Leben bzw. die Gesundheit von Menschen, Tieren und Pflanzen beeinträchtigt wird und durch die besondere Unfallgefahren ausgelöst werden können.
Die Gefährlichkeit dieser Stoffe wird z. B. durch die Eigenschaften "umweltgefährdend", "krebserzeugend", "explosionsgefährlich" oder "sehr giftig" beschrieben.

Wie erkennen Sie Gefahrstoffe?
Mit diesen Stoffen gefüllte Fässer, Kanister, Flaschen, Dosen, Kannen oder Tuben sind **kennzeichnungspflichtig.** Diese Kennzeichnung enthält
- die Bezeichnung des Stoffes,
- die Angabe von Inhaltsstoffen,
- die Gefahrensymbole,
- die Gefahrenhinweise,
- Sicherheitsratschläge und
- Name sowie Anschrift dessen, der den Stoff herstellt, einführt oder vertreibt (Bild 1).

Betriebsanweisungen und DIN-Sicherheitsdatenblätter dienen der Information und müssen beachtet werden.

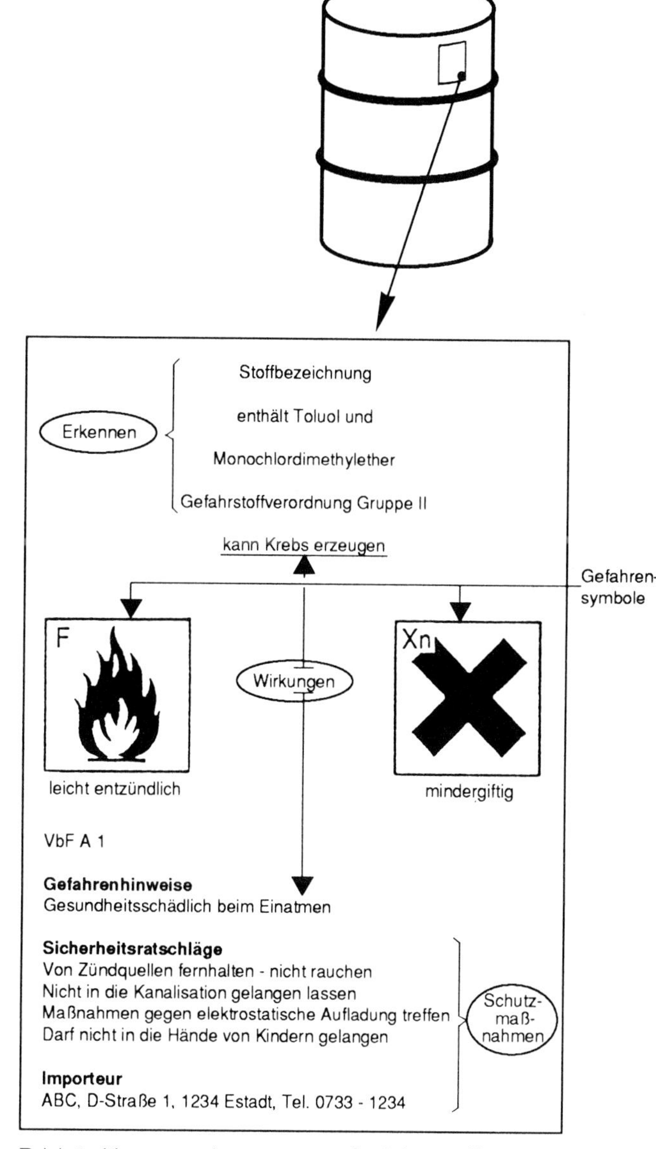

Bild 1 Kennzeichnung von Gefahrstoffen

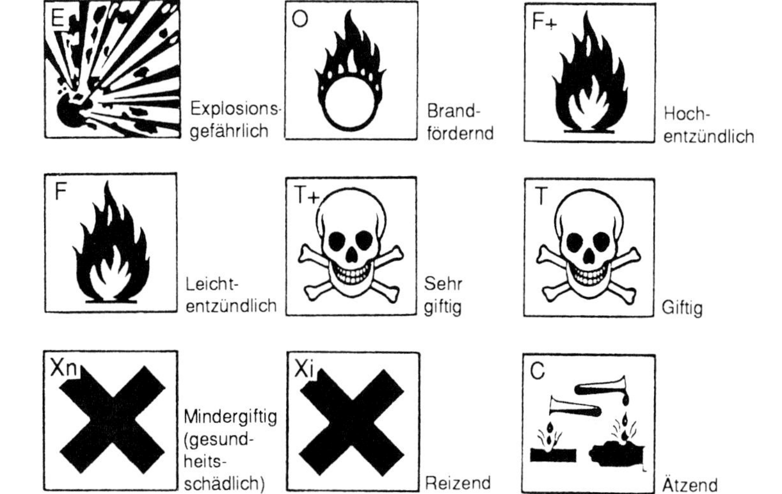

Schwarzer Aufdruck auf orangegelbem Grund

Bild 2 Beispiele für Gefahrensymbole

Damit Sie die Gefahrstoffe sicher handhaben, müssen Sie diese identifizieren können. Dazu dienen die verwendeten Symbole, über deren Bedeutung Sie sich informieren müssen (Bild 2).
Beachten Sie auch die Sicherheitsratschläge und Gefahrenhinweise.

Gefahrstoffe können fest, flüssig, gas- oder staubförmig sein. Sie können durch Einatmen, Verschlukken und durch die Haut in den Körper gelangen (Bild 1).

Schutz vor Gefahrstoffen

Gefahrstoffe sind in vielen Bereichen vorhanden. Im Haushalt z. B. in Waschmitteln, Reinigungsmitteln und Klebstoffen, im Straßenverkehr z. B. in Abgasen als Benzol und Blei oder in den Betrieben in Form von Gasen, Dämpfen, Stäuben und Flüssigkeiten.
Läßt sich ein Schutz durch technische Maßnahmen nicht vollständig erreichen, so muß die zur Verfügung stehende persönliche Schutzausrüstung verwendet werden. Dies können geeignete Sicherheitshandschuhe, Schutzhelme und Schutzbrillen aber auch Schutzanzüge und Atemschutzgeräte sein.

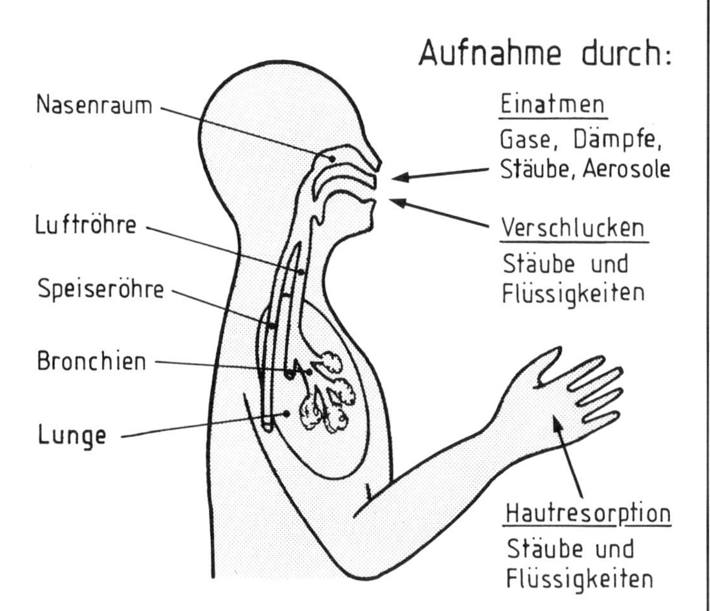

Bild 1 Aufnahmewege von Gefahrstoffen

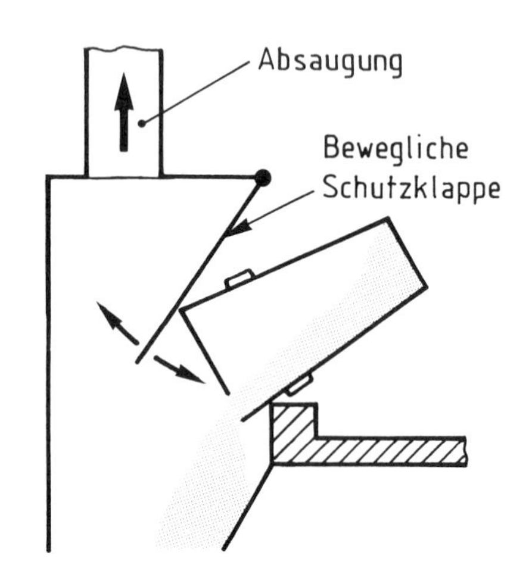

Bild 2 Staubschutz mit Klappe

Technische Maßnahmen haben Vorrang vor einer persönlichen Schutzausrüstung. So kann z. B. durch das Anbringen einer beweglichen Klappe die Wirkung einer Absaugung erhöht und die Stauberfassung an der Einfüllstelle verbessert werden (Bild 2).

Auch Farben sind Zubereitungen bzw. Mischungen aus Arbeitsstoffen (Bild 3). Einige sind gesundheitsgefährlich und dürfen nur unter Anwendung geeigneter Schutzmaßnahmen verwendet werden.

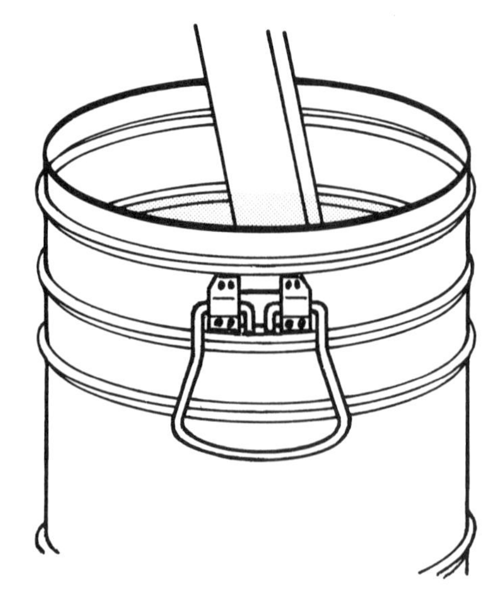

Bild 3 Mischen von Farben

Durch Einhaltung festgelegter Grenzwerte beim Umgang mit Gefahrstoffen sollen gesundheitliche Schäden vermieden werden.

Umgang mit Gefahrstoffen

Grundsätzlich muß beim Arbeiten mit Gefahrstoffen geprüft werden, ob diese durch ungefährliche Stoffe ersetzt werden können.
Ist das nicht möglich, so bringt die Verwendung von beispielsweise Lösungen, Pasten oder staubarmen Granulaten gegenüber staubförmigen Stoffen bereits oft eine erhebliche Verbesserung (Bild 1).

Bild 1 Verwendungsformen von Gefahrstoffen

Zu den Gefahrstoffen gehört auch **Asbest**. Asbest ist kein künstlicher Stoff, sondern ein natürlich vorkommendes Mineral. Es wird zum Teil zu Fasermaterial verarbeitet. Die mikroskopisch kleinen Fasern gelangen bei Bearbeitungs- und Verschleißvorgängen in die Umwelt. Das Einatmen kann zu tödlichen Erkrankungen der Atemwege führen.
Im wesentlichen wird Asbest wegen vorhandener Ersatzstoffe nicht mehr verwendet. Große Probleme wirft die Entsorgung bisheriger asbestbelasteter Produkte auf. Das trifft z. B. für Bremsbeläge, Auspuffanlagen oder Isolierungen zu.

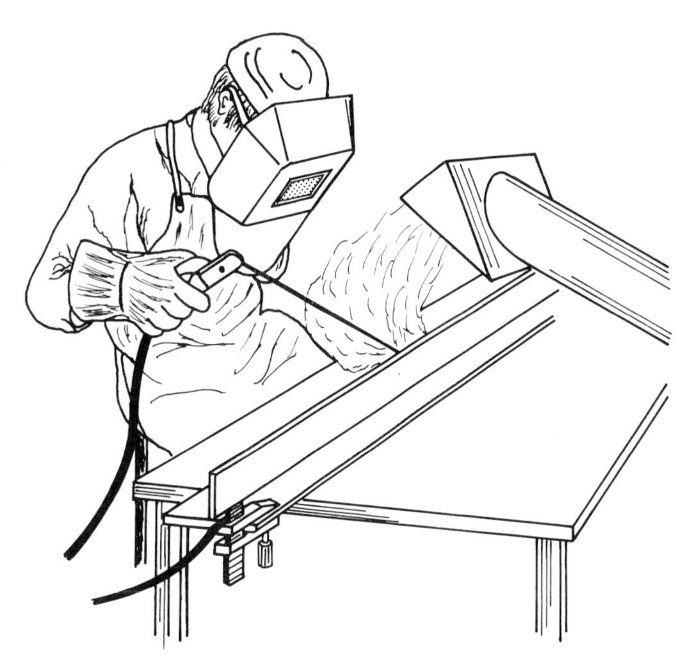

Bild 2 Absaugen beim Schweißen

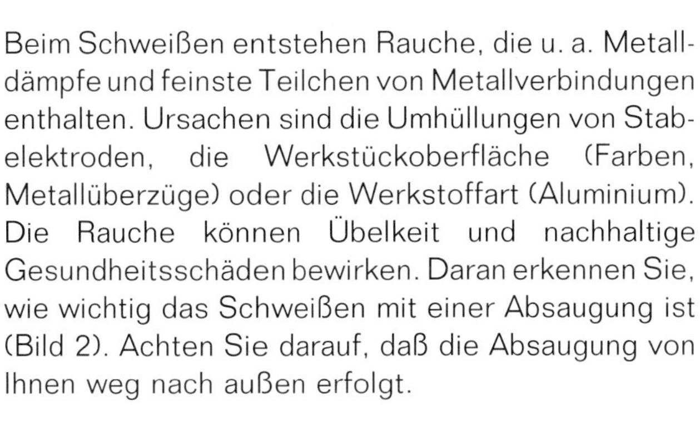

Beim Schweißen entstehen Rauche, die u. a. Metalldämpfe und feinste Teilchen von Metallverbindungen enthalten. Ursachen sind die Umhüllungen von Stabelektroden, die Werkstückoberfläche (Farben, Metallüberzüge) oder die Werkstoffart (Aluminium). Die Rauche können Übelkeit und nachhaltige Gesundheitsschäden bewirken. Daran erkennen Sie, wie wichtig das Schweißen mit einer Absaugung ist (Bild 2). Achten Sie darauf, daß die Absaugung von Ihnen weg nach außen erfolgt.

Auch für gesundheitsgefährdende Flüssigkeiten gibt es passende Absaugungen. Diese lassen sich selbst anfertigen (Bild 3).

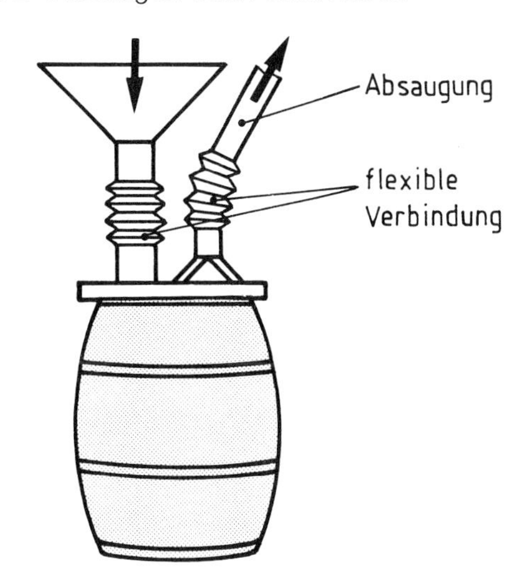

Bid 3 Absaugung bei einer Faßabfüllung

Der Schutz vor energiereicher Strahlung betrifft sowohl den Bereich der Arbeitssicherheit aber auch den Bereich des Umweltschutzes.
Zur energiereichen Strahlung zählen
- Röntgen- oder Gammastrahlung (Werkstoffprüfung)
- Laserstrahlung (Schweißen, Schneiden, Meßtechnik)
- Mikrowellen (Trocknen)
- Strahlung radioaktiver Stoffe (Dicken- und Füllstandsmessungen).

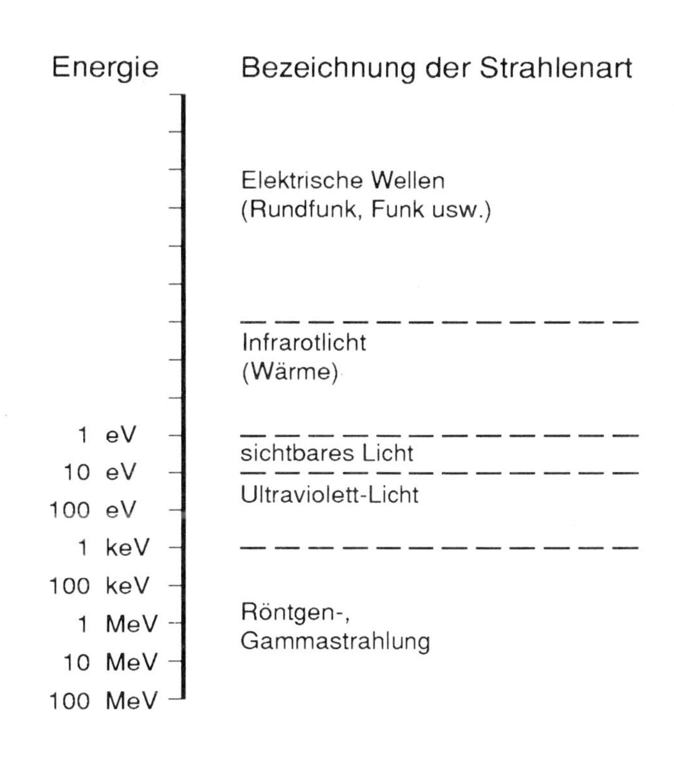

Bild 1 Elektromagnetische Strahlen

Energiereiche Strahlung

Röntgen- und Gammastrahlen gehören zu den elektromagnetischen Strahlen, die uns als Licht, Wärme und als Rundfunkwellen bekannt sind. Der Unterschied der Strahlen besteht in unterschiedlichen Energien (Bild 1). Die Einheit der Energie ist das Elektronenvolt (eV). In der Praxis werden häufig Vielfache oder Bruchteile von Einheiten benutzt.

In der zerstörungsfreien Werkstoffprüfung ist der Einsatz von Röntgen- oder Gammastrahlen weit verbreitet.
Röntgen- und Gammastrahlen liegen im gleichen Energiebereich, sie werden jedoch unterschiedlich erzeugt (Röntgenröhren bzw. radioaktive Substanzen). Röntgen- und Gammastrahlen haben eine hohe Energie und können deshalb auch feste Stoffe durchdringen. Diese Durchdringungsfähigkeit ist einerseits die Grundlage der zerstörungsfreien Werkstoffprüfung (Bild 2), andererseits ist sie auch der Grund, warum der menschliche Körper vor diesen Strahlen geschützt werden muß.

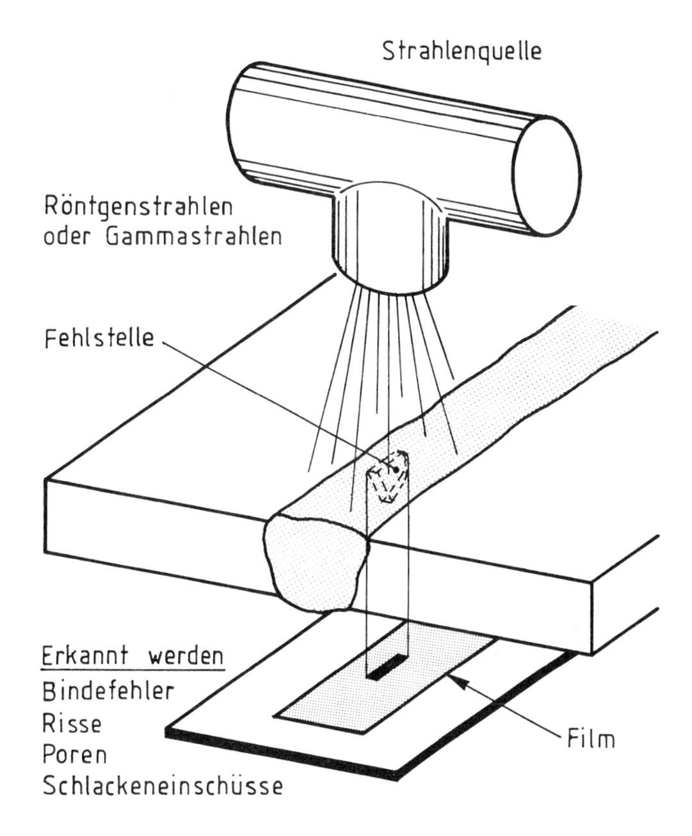

Bild 2 Durchstrahlprüfung
– z. B. bei einer Schweißnaht

Umweltschutz
Strahlung

Auf Baustellen wird anstelle einer Röntgenröhre oft mit einem Gamma-Strahlengerät gearbeitet (Bild 1). Mit einer Fernbedienung kann der Strahler mit seiner Ausfahrspitze in die Arbeitsstellung bewegt werden. Der Strahler besteht aus einem radioaktiven Stoff, der von einer dichten Hülle umschlossen wird. Der Arbeitsbehälter dient als Abschirmung in der Ruhestellung.
Die elektromagnetische Strahlung ist für das Auge nicht sichtbar und schon deshalb gefährlich.

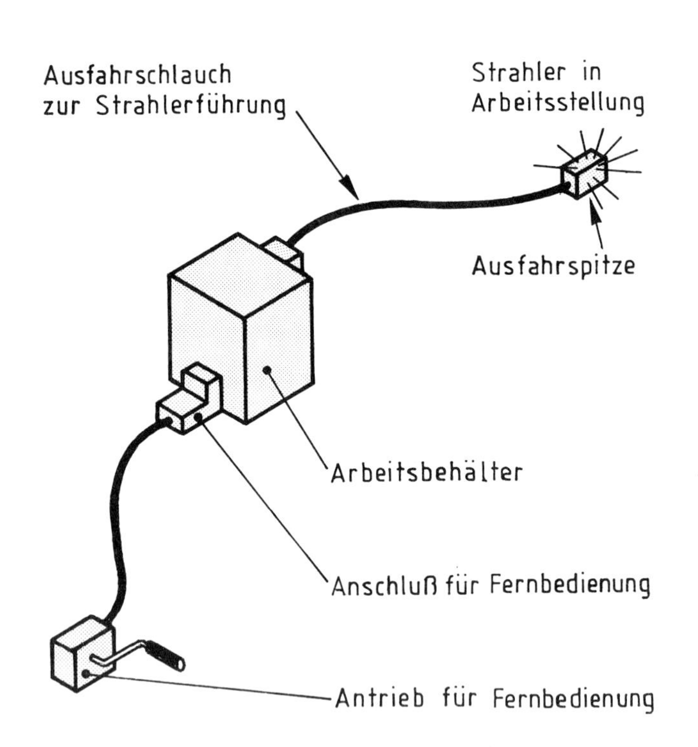

Bild 1 Gamma-Strahlengerät

Strahlenschutz

Umfangreiche Schutzvorschriften dienen dem Schutz der mit den Prüfgeräten beschäftigten Personen.
Das Schutzprinzip ist im wesentlichen:
- möglichst kurze Aufenthaltszeit
- möglichst großer Abstand
- Abschirmung
- Ausbildung und Unterweisung bzw. Belehrung.

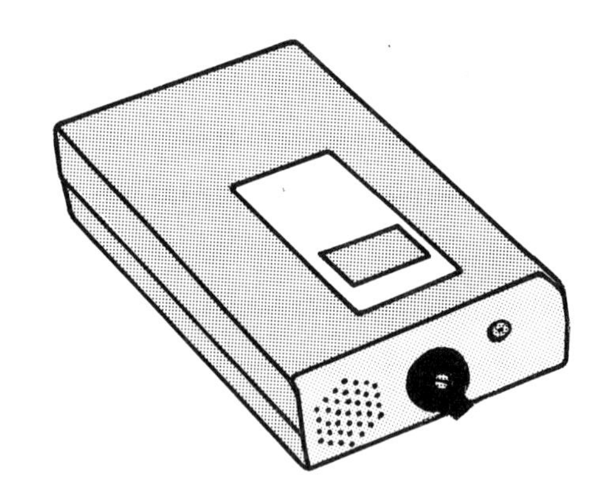

Um sich vor hohen Strahlenbelastungen zu schützen, bedient man sich tragbarer Warngeräte (Bild 2). Bei Überschreitung bestimmter Grenzwerte wird ein akustisches Signal ausgelöst.
Ansonsten sind die verschiedenen Sperrbereiche und deren Beschriftung wie z. B. "Vorsicht Strahlung" oder
"Kein Zutritt – Röntgen" zu beachten.
Zum Zutritt dieser Bereiche werden besondere Vollmachten bzw. Genehmigungen benötigt.

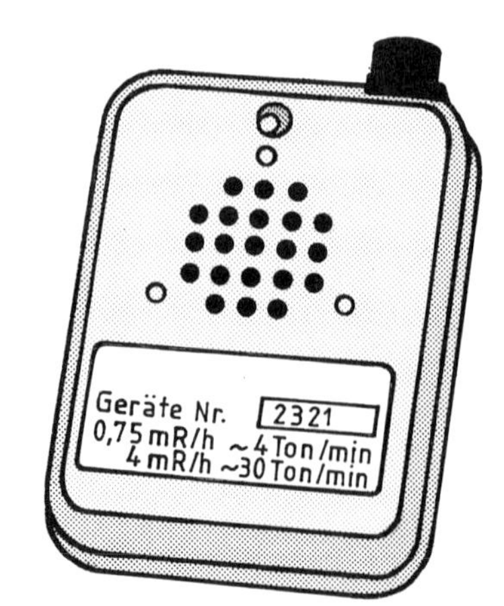

Bild 2 Tragbare Warngeräte

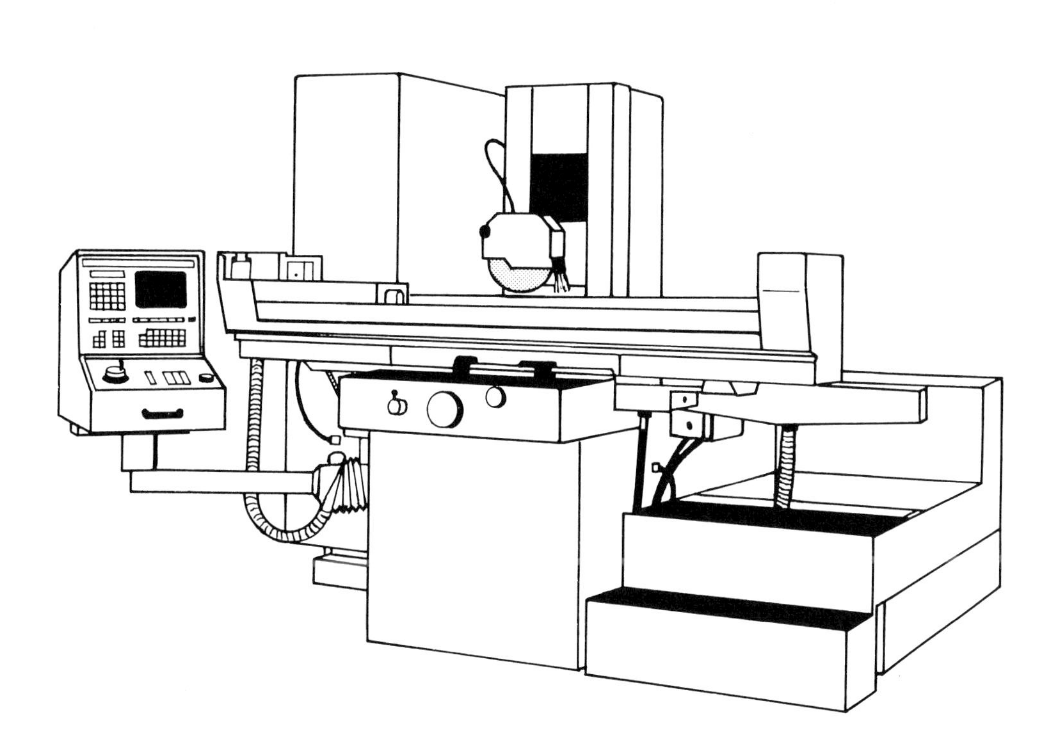

Das Projekt "Wartung einer Werkzeugmaschine" bzw. das Wechseln des Kühlschmierstoffs bei einer Flachschleifmaschine sollen Sie selbständig planen, organisieren und durchführen.

Auf den Arbeitsblättern zu diesem Ausbildungsmittel sind Leitfragen formuliert, deren Beantwortung Ihnen die Durchführung des Projekts erleichtern soll.

Eine weitere Hilfe geben Ihnen die folgenden Informationen.

Der Wechsel des Kühlschmierstoffs ist bei einer Schleifmaschine besonders wichtig. Verunreinigte Kühlschmierstoffe verschmieren die Schleifscheibe und es entstehen am Werkstück sogenannte Schleifreißer (Kratzer). Durch den Kühlschmierstoff werden Schleifstaub und Späne in die Kühlschmierstoffreinigungsanlage transportiert. Über verschiedene Abscheide- und Filtersysteme (Magnetfilter) erfolgt eine mechanische Reinigung des Kühlschmierstoffs.

Kühlschmierstoffe neigen schnell zum Altern. Dabei verlieren sie an Schmierfähigkeit und rostverhindernder Wirkung. Verbrauchte Kühlschmierstoffe verbreiten einen unangenehmen Geruch. Dieser Prozeß wird durch Zeiten mit Betriebsruhe beschleunigt.
Ein Kühlschmierstoffwechsel ist je nach Einsatz der Maschine alle zwei bis vier Wochen und eine gründliche Reinigung des gesamten Kühlschmierstoffsystems nach etwa drei Monaten erforderlich.

Die sich im Kühlschmierstoffbehälter bildende Schwimmschicht muß häufig abgeschöpft werden. Während der Werkstückbearbeitung wird ständig Kühlschmierstoff zerstäubt und geht so teilweise verloren. Der Kühlschmierstoffverlust muß deshalb regelmäßig durch Nachfüllen ausgeglichen werden.

Verschüttete Kühlschmierstoffe sind sofort mit Sägespänen oder Putzlappen aufzusaugen.

Öle und Emulsionen (Kühlschmierstoffe)
Die in der Blech- und Metallverarbeitung eingesetzten Hilfsstoffe auf Ölbasis (Schmier-, Bearbeitungs- und Hydrauliköle) enthalten je nach ihrer Anwendungsart erhebliche Mengen an spezifischen Zusätzen (Additive) zur Unterstützung der mechanischen Vorgänge. Diese Zusätze sind meist umweltbelastend. Viele der Öle und Kühlschmierstoffe sind emulgiert bzw. mit Wasser emulgierbar. Dadurch entstehen beim Zusammentreffen mit Wasser beständige Öl-/Wassergemische, die sich nur schwer trennen lassen. Ölabscheider sind hier unwirksam!
Beim Verschütten und Ausgießen besteht deshalb eine erhebliche Gefährdung für Boden und Grundwasser.

Dasselbe gilt für die Entstehung und Absaugung von Öl- und Emulsionsnebeln, die sich im Freien absetzen bzw. durch Regen in den Boden geschwemmt werden.
Noch stärker gilt dieses Verhalten für Schleifstäube und Schweißrauche. Auch diese gelangen im Freien in den Boden, wo sie durch Feuchtigkeit, Naturstoffe und sauren Regen angelöst werden und in den Wasserkreislauf gelangen. Dies ist vor allem bei Stahllegierungen (Schwermetalle) und Nichteisenmetallen ein Umweltrisiko.

Emulsion:
Flüssigkeit mit schwebenden unlöslichen Teilchen einer anderen Flüssigkeit.

Projekt 2
Abfallentsorgung in einem Betrieb

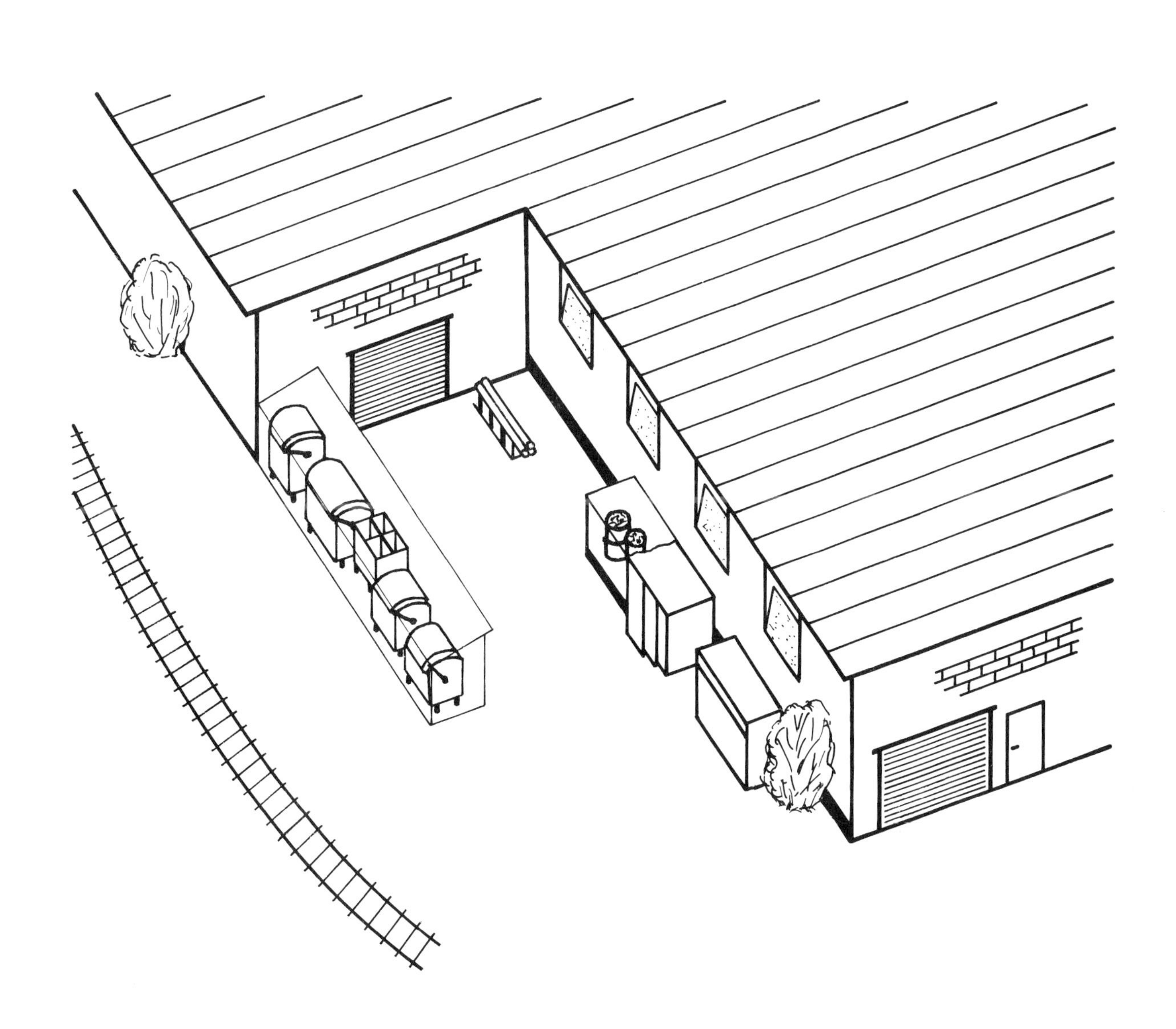

Das Projekt "Abfallentsorgung in einem Betrieb" sollen Sie selbständig bearbeiten. Dabei geht es im wesentlichen darum, den Istzustand der Abfallentsorgung zu erfassen, zu beschreiben und mögliche Verbesserungen vorzuschlagen.

Das Projekt ist der jeweiligen Situation anzupassen. So ist z. B. auch die Entsorgung von Baustellen, wie sie besonders im handwerklichen Bereich auftritt, zu beachten. Hierfür gelten besondere Maßnahmen.

Auf den Arbeitsblättern zu diesem Ausbildungsmittel sind Leitfragen formuliert, deren Beantwortung Ihnen die Durchführung des Projekts erleichtern soll. Eine weitere Hilfe geben Ihnen die folgenden Informationen.

Alle Abfallstoffe sind in einem Abfallkatalog bundeseinheitlich zusammengefaßt. Den Abfallstoffen sind Schlüsselnummern zugeordnet. Dadurch wird die Überwachung der Abfallbehandlung ermöglicht.

Abfallstoffe und Schlüsselnummern

1 **Abfälle pflanzlichen und tierischen Ursprungs sowie von Veredlungsprodukten**

11 Nahrungs- und Genußmittelabfälle
12 Abfälle aus der Produktion pflanzlicher und tierischer Fetterzeugnisse
13 Abfälle aus Tierhaltung und Schlachtung
14 Häute und Lederabfälle
17 Holzabfälle
18 Zellulose-, Papier- und Pappeabfälle

3 **Abfälle mineralischen Ursprungs sowie von Veredlungsprodukten**

31 Abfälle mineralischen Ursprungs (ohne Metallabfälle)
35 Metallhaltige Abfälle
39 Andere Abfälle mineralischen Ursprungs sowie von Veredlungsprodukten

5 **Abfälle aus Umwandlungs- und Syntheseprozessen (einschl. Textilabfälle)**

51 Oxide, Hydroxide, Salze
52 Säuren, Laugen und Konzentrate
53 Abfälle aus Pflanzenschutz- und Schädlingsbekämpfungsmitteln sowie von pharmazeutischen Erzeugnissen
54 Abfälle von Mineralöl und Kohleveredlungsprodukten
55 Organische Lösemittel, Farben, Lacke, Klebstoffe, Kitte und Harze
57 Kunststoff- und Gummiabfälle
58 Textilabfälle
59 Andere Abfälle chemischer Umwandlungs- und Syntheseprodukte

9 **Siedlungsabfälle (einschl. ähnlicher Gewerbeabfälle)**

94 Abfälle aus Wasseraufbereitung, Abwasserreinigung und Gewässerunterhaltung
95 Flüssige Abfälle aus Behandlungs- und Beseitigungsanlagen
97 Krankenhausspezifische Abfälle

Jeder zu entsorgende Abfall kann einem dieser Abfallschlüssel zugeordnet werden. Die Abfallarten sind nach übergeordneten Sortierbegriffen stufenweise in drei aufeinanderfolgende systematische Katergorien eingeordnet, die als
Obergruppen (einstellige Nummern)
Gruppen (zweistellige Nummern)
Untergruppen (dreistellige Nummern) bezeichnet werden.

Bei Zuordnung eines Abfalles zu einem Abfallschlüssel ist dem spezifischen Schlüssel der Vorrang vor dem allgemeinen zu geben, z. B.
Heizöle aus der Tankreinigung
nicht zu: 541 Mineralöle und synthetische Öle,
sondern zu: 54108 verunreinigte Heizöle.

Die folgende Auflistung gibt Ihnen einen Überblick über die Abfallstoffe, wie sie z. B. in den Berufen der Installations- und Metallbautechnik als überwachungsbedürftige Abfallstoffe entstehen können.

Um das Auffinden der Abfallstoffe zu erleichtern, wurden sie folgenden Abfallgruppen zugeordnet:
- Feste mineralische Abfälle
- Metallhaltige und NE-metallhaltige Abfälle
- Säuren und Laugen
- Mineralölhaltige Abfälle und synthetische Öle
- Lösemittel, Farben, Klebstoffe
- Kunststoff- und Gummiabfälle
- Verpackungen.

Diese Auflistung erhebt keinen Anspruch auf Vollständigkeit.

Feste mineralische Abfälle

- Ölbinder
- Asbestabfälle
- Bauschutt
- Keramikabfälle
- Gipsabfälle
- Ölverunreinigter Boden
- Glasabfälle
- Strahlsand
- Mineralfaserdämmstoffe
- Aktivkohlefilter
- Schalldämpferkulissen

Abfallschlüssel	Abfallart
314 19	– Stäube aus der Schlackenaufbereitung
314 23	– Ölverunreinigter Boden
314 24	– Sonstige Böden mit schädlichen Verunreinigungen
314 26	– Kernsande
314 28	– Verbrauchte Ölbinder
314 30	– Mineralfaserabfälle mit Verunreinigungen
314 33	– Glas- und Keramikabfälle mit schädlichen Verunreinigungen
314 35	– Verbrauchte Filter- und Aufsaugemassen mit schädlichen Verunreinigungen (Aktivkohle)
314 37	– Asbeststäube, Spritzasbest
314 39	– Mineralische Rückstände aus Gasreinigung
314 40	– Strahlenmittelrückstände mit schädlichen Verunreinigungen
314 41	– Bauschutt und Erdaushub mit schädlichen Verunreinigungen
314 45	– Gipsabfälle mit schädlichen Verunreinigungen
314 46	– Kieselsäure- und Quarzabfälle mit schädlichen Verunreinigungen, vorwiegend organisch
314 47	– Kieselsäure- und Quarzabfälle mit schädlichen Verunreinigungen, vorwiegend anorganisch

Metallhaltige und NE-Metallhaltige Abfälle

- Heizkessel
- Heizkörper
- Stahlrohre
- Ölfilter
- Ölbrennerdüsen
- Batterien
- Anoden
- Metallspäne aus der Oberflächenbehandlung
- Sonstiger Metallschrott
- Metallschlämme auf der Basis von Cr, Ni, Al
- Polierstäube
- Quecksilber
- Metallplatten
- Metallbänder

Abfallschlüssel	Abfallart
351 06	– Eisenmetallbehältnisse mit schädlichen Restinhalten
351 07	– Ölfilter
353 02	– Bleihaltige Abfälle
353 07	– Berylliumhaltige Abfälle
353 08	– Magnesiumhaltige Abfälle
353 09	– Zinkhaltige Abfälle
353 15	– Sonstige NE-Metallhaltige Abfälle, ohne Aluminium- und Manganabfälle
353 17	– Aluminiumhaltiger Staub
353 23	– Nickel-Cadmium-Akkumulatoren
353 24	– Batterien, quecksilberhaltig
353 25	– Trockenbatterien (Trockenzellen)
353 26	– Quecksilber, quecksilberhaltige Rückstände, Quecksilberdampflampen, Leuchtstoffröhren
353 27	– NE-Metallbehältnisse mit schädlichen Restinhalten
355 01	– Zinkschlamm
355 03	– Bleischlamm
355 04	– Zinnschlamm

Säuren und Laugen

- Beizmittel
- Beizpasten
- Lötpasten
- Flußmittel
- Salmiak
- Salzsäure
- Salpetersäure
- Schwefelsäure

Abfallschlüssel	Abfallart
521 01	– Akku-Säuren
521 02	– Anorganische Säuren, Säuregemische und Beizen (sauer)
522 01	– Halogenierte organische Säuren
522 02	– Nicht halogenierte organische Säuren
524 02	– Laugen, Laugengemische und Beizen (basisch)
524 03	– Ammoniaklösung (Salmiakgeist)
527 12	– Konzentrate und Halbkonzentrate, Chrom-(VI)-haltig
527 13	– Konzentrate und Halbkonzentrate, cyanidhaltig
527 14	– Spül- und Waschwasser, cyanidhaltig
527 16	– Konzentrate und Halbkonzentrate, metallsalzhaltig
527 20	– Spül- und Waschwasser, metallsalzhaltig
527 21	– Kupferätzlösungen

Mineralölhaltige Abfälle und synthetische Öle

- Altöl
- Heizölrückstände
- Bohr- und Schneidöle
- Maschinenöle
- PCB-haltige Öle
- Ölverschmutzte Putzlappen und Betriebsmittel
- Ölabscheiderinhalte
- Ölschlämme aus der Tankreinigung
- Bitumenpappe
- Teerpappe
- Asphaltabfälle

Abfallschlüssel	Abfallart
541 04	– Verunreinigte Kraftstoffe (Benzine)
541 08	– Verunreinigte Heizöle (auch Dieselöl)
541 09	– Bohr-, Schneid- und Schleiföle
541 10	– PCB-haltige Erzeugnisse und Betriebsmittel
541 12	– Verbrennungsmotoren- und Getriebeöle
542 06	– Metallseifen
542 09	– Feste fett- und ölverschmutzte Betriebsmittel
547 02	– Öl- und Benzinabscheiderinhalte
547 04	– Schlamm aus Tankreinigung und Faßwäsche
547 10	– Schleifschlamm, ölhaltig
549 10	– Pechabfälle
549 13	– Teerrückstände

Lösemittel, Farben, Klebstoffe

- Kaltreiniger
- Klebstoffreste
- Leimreste
- Kitte- und Spachtelmassen
- Farbreste
- Anstrichstoffe
- Verdünnung
- Harze
- Altlacke
- Lösemittelhaltige Putzlappen und Betriebsmittel
- Entfettungsmittel
- Fugendichtstoffe
- Silikon
- Dispersionsklebstoffe
- Bitumenbindemittel
- Kunstharzbindemittel

Abfallschlüssel	Abfallart
552 05	– Fluorchlorkohlenwasserstoffe, Kälte-, Treib- und Lösemittel
552 09	– Tetrachlorethen (Per)
552 11	– Tetrachlormethan (Tetra)
552 13	– Trichlorethen (Tri)
552 20	– Lösemittelgemische, halogenierte organische Lösemittel enthaltend
552 23	– Sonstige halogenierte Lösemittel
553 01	– Aceton oder andere aliphatische Ketone
553 03	– Ethylenglykole
553 06	– Benzol, Toluol oder Xylole
553 15	– Methanol und andere flüssige Alkohole
553 57	– Kaltreiniger, frei von halogenierten organischen Lösemitteln
553 59	– Farb- und Lackverdünner (Nitroverdünner)
553 60	– Petroleum
553 70	– Lösemittelgemische ohne halogenierte organische Lösemittel

Kunststoff- und Gummiabfälle

- Alte Heizöltanks aus Kunststoff
- Kunststoffrohre aus PP, PVC, PB, PE
- Verpackungsfolien
- Dichtungen
- Keilriemen
- Kunststoffbahnen

Abfallschlüssel	Abfallart
571 25	– Ionenaustauscherharze mit schädlichen Verunreinigungen
571 27	– Kunststoffbehältnisse mit schädlichen Restinhalten
572 01	– Weichmacher mit halogenierten organischen Bestandteilen
572 02	– Fabrikationsrückstände aus der Kunststoffherstellung und -verarbeitung
572 03	– Weichmacher ohne halogenierte organische Bestandteile
573 03	– Kunststoffdispersionen oder -emissionen
573 05	– Kunststoffschlämme, lösemittelhaltig (mit halogenierten organischen Lösemitteln)
573 06	– Kunststoffschlämme, lösemittelhaltig (ohne halogenierte organische Lösemittel)
577 02	– Latex-Schlämme oder -Emulsionen
577 04	– Kautschuklösungen
577 06	– Gummischlamm, lösemittelhaltig
578 01	– Shredderrückstände (Leichtfraktion)
578 02	– Filterstäube aus Shreddern

Verpackungen

- Transportverpackungen
- Verkaufsverpackungen
- Umverpackungen
- Folien
- Pappkartons
- Styropor
- Plastiktüten
- Holzpaletten
- Kisten

Abfallschlüssel	Abfallart
187 10	– Papierfilter mit schädlichen Verunreinigungen, vorwiegend organisch
187 11	– Papierfilter mit schädlichen Verunreinigungen, vorwiegend anorganisch
187 12	– Zellstofftücher mit schädlichen Verunreinigungen, vorwiegend organisch
187 13	– Zellstofftücher mit schädlichen Verunreinigungen, vorwiegend anorganisch
187 14	– Verpackungsmaterial mit schädlichen Verunreinigungen oder Restinhalten, vorwiegend organisch
187 15	– Verpackungsmaterial mit schädlichen Verunreinigungen oder Restinhalten, vorwiegend anorganisch
351 06	– Eisenmetallbehältnisse mit schädlichen Restinhalten
571 27	– Kunststoffbehältnisse mit schädlichen Restinhalten
582 03	– Textiles Verpackungsmaterial mit schädlichen Verunreinigungen, vorwiegend organisch
582 04	– Textiles Verpackungsmaterial mit schädlichen Verunreinigungen, vorwiegend anorganisch

Es muß dafür gesorgt werden, daß die im Betrieb oder an der Baustelle anfallenden Abfallstoffe getrennt und nach wiederverwertbaren Bestandteilen eingesammelt werden.

Einsammlung im Betrieb

Die getrennte Einsammlung von Abfallstoffen im Betrieb empfiehlt sich gerade dann, wenn kontinuierlich sogenannte Kleinmengen anfallen. Erst bei Erreichen einer bestimmten mit dem Entsorgungsunternehmen abzustimmenden Menge kann diese wirtschaftlich entsorgt werden.
Für die getrennte Einsammlung von Abfallstoffen eignen sich sogenannte Wertstofferfassungssysteme in Form von Behältern, Fässern oder Kisten, die aus Kunststoff, Stahl oder Aluminium bestehen. So können z. B. abgesägte gereinigte Heizöltanks als Behältnisse für Metallschrott, Styropor, Pappe, Folien, Kunststoffe dienen. Jedoch sind nicht alle Behälter zur Zwischenlagerung von Abfallstoffen geeignet.
Bestimmte Restabfallstoffe (z. B. Lösemittel, Kaltreiniger, Klebstoffe) sollten bis zur Übergabe an ein Entsorgungsunternehmen in ihren Originalgebinden bleiben. Weiterhin ist darauf zu achten, daß leicht entzündliche und/oder wassergefährdende Stoffe (z. B. Heizölrückstände) beim Transport und Lagern bestimmten Vorschriften (z. B. Wasserhaushaltsgesetz, Technische Regeln für brennbare Flüssigkeiten, Verordnung über brennbare Flüssigkeiten und arbeitsschutzrechtliche Bestimmungen) unterliegen können, d. h. an die Lagerung (Zwischenlagerung) sind bestimmte Anforderungen gestellt (z. B. Auffangräume).

Behältnisse

Abfallart	**Anforderungen an Behälter**
flüssig, pastös	geschlossen bzw. Abdeckung
Metallschrott	offen
Verpackungen	offen
Kleinmengen (flüssig, pastös)	in geschlossenen Originalgebinden belassen

Einsammlung an der Baustelle

Die Sammlung von Abfallstoffen an der Baustelle gestaltet sich weitaus schwieriger als im Betrieb.
Zum einen sind die Abfallmengen größer (z. B. Bauschutt) und zum anderen ist die Vorhaltung von mehreren Behältnissen an der Baustelle teuer. Kleinmengen sollen nicht an der Baustelle zwischengelagert werden, sondern im Betrieb, da das Aufkommen von Kleinmengen meist nicht so umfangreich ist, daß sich die Aufstellung von mehreren Behältern an der Baustelle rechtfertigt.
Werden Behältnisse an der Baustelle aufgestellt (z. B. Behälter für Metallschrott oder Bauschutt) sollten diese fest verschließbar sein. Es hat sich gezeigt, daß unverschließbare Behälter von allen am Bau Beteiligten für alle möglichen Abfallstoffe benutzt wurden, was aus wirtschaftlichen sowie entsorgungstechnischen Gründen verhindert werden muß. Für sogenannte Mischabfälle werden üblicherweise die Kosten des Abfallstoffes berechnet, der die größten Kosten bei der Entsorgung verursacht.

Behältnisse

Abfallart	**Anforderungen an Behälter**
Bauschutt	geschlossen und verschließbar
Metallschrott	geschlossen und verschließbar
Verpackungen	geschlossen und verschließbar
Kleinmengen	in geschlossenen Originalgebinden zum Betrieb transportieren

Transport von Abfallstoffen

Wenn Abfallstoffe von der Baustelle bzw. zum Betriebsgelände transportiert werden, so ist darauf zu achten, daß die Einsammlung und der Transport der Genehmigung bzw. u. U. der Erlaubnis der zuständigen Behörde unterliegt. Im Rahmen von wirtschaftlichen Unternehmen ist jedoch der Transport von geringfügigen Abfallmengen erlaubt. Der Begriff "geringfügig" ist allerdings sehr unbestimmt, so daß im Einzelfall bei der zuständigen Behörde Auskunft eingeholt werden muß, ob die zu transportierende Abfallmenge einer Genehmigungs- bzw. Erlaubnispflicht unterliegt. Die Genehmigung wird erteilt, wenn die Zuverlässigkeit für einen sicheren Transport gewährleistet ist.

Umgang mit Altöl und ölverunreinigten Stoffen

Der Transport sowie die Zwischenlagerung von Altöl soll immer mit großer Umsicht und unter Einhaltung der Unfallverhütungsvorschriften geschehen.

Ölverunreinigte Stoffe (z. B. Putzlappen, Handschuhe usw.) sollen stets getrennt aufbewahrt werden.

Ölbrennerdüsen, Ölsiebe, demontierte Ölleitungen usw. gehören nicht in den Schrottcontainer. Sie müssen als Sondermüll entsorgt werden.

Reinigungsmittel, Beizen usw. dürfen nur in geeigneten Behältern aufbewahrt werden. Nach dem Gebrauch müssen diese Stoffe entsorgt werden.

Bei Unfällen mit Altöl, bei denen eine Gefährdung der Umwelt nicht auszuschließen ist, soll die Feuerwehr benachrichtigt werden.

Bei Fragen oder Zweifeln immer Auskunft bei der zuständigen Behörde einholen.

In der folgenden Übersicht sind beispielhaft die Abfallstoffe einer betrieblichen Ausbildungsstätte zusammengetragen worden. In der Ausbildungsstätte wurden etwa 170 Auszubildende in den Berufsfeldern Metalltechnik und Elektrotechnik ausgebildet.

Beispiel einer Abfallerfassungsliste

Abfall- u. Reststoffe	Anfallstelle	Sammelstelle	Entsorgung
Holz	Bohrmaschine	Sondermüll	Kommune (Verbrennung)
Papier	Kopieren, Schreiben	Wertstoffcontainer	Externe Entsorgung
Verpackung und Kartonage	Verpackungen	Container	Recycling, Extern
Eisen III Chlorid	Elektro-Abteilung	Sonderbehälter	Externe Neutralisation
Kaltreiniger	Reinigungsmaßnahmen	Sonderbehälter	Recycling oder externe Entsorgung
Leuchtstoffröhren	Beleuchtung	Paletten oder Container	Recycling extern oder Sonderentsorgung
Quecksilber	Elektrische Anlagen	Spezialbehälter	Externe Wertstoffentsorgung
Altfette	Motoren, Getriebe	Sonderbehälter	Externe Entsorgung
Getriebeöl	Öl von Getrieben	Sonderbehälter	Externe Entsorgung
Hydrauliköl	Hydraulikaggregat	Sonderbehälter	Externe Entsorgung
Kühlschmierstoffe	Drehen, Fräsen, Bohren	Behälter	Recycling extern oder Sonderentsorgung
Leerembal-lage	Öl, Reiniger, Farben	Sondercontainer	Externe Behandlung mit Wiederverwendung
Metall- und Blechreste	Schlosserei, Schmiede	Schrottbehälter	Recycling
NE-Metalle	Schlosserei, Drehen, E.-Abteilung	Container	Recycling
Kunststoffe (PVC)	Drehen, Fräsen, E.-Abteilung	Container	Recycling
Kabelisolierung	E.-Abteilung	Container	Recycling
Handschuhe	Arbeitsschutz	Behälter	Externe Reinigung oder Verbrennung
Altlacke, Farben	Anstrich	Sonderbehälter	Externe Sonderentsorgung
Putzlappen Putzwolle	Maschinenreinigung	Container	Externe Entsorgung oder Verbrennung
Hausmüllähnliche Gewerbeabfälle	Betriebs-, Sozialräume	Container	Extern oder Kommune

Mit einer deutlichen Behälterkennzeichnung der verschiedenen Sammelbehälter kann im Rahmen eines Entsorgungskonzepts zu einem leichteren getrennten Sammeln der verschiedenen Abfallstoffe beigetragen werden. Die folgende Übersicht gibt ein Beispiel für eine mögliche Behälterkennzeichnung.

Beispiel für eine Behälterkennzeichnung

Nr.	Behälter-Kennzeichnung	Abfallstoff
1	Weiß	Aluminium
2	Braun	Kupfer
3	Orange	Messing
4	Grün	Altbatterien
5	Blau	Hausmüllähnliche Gewerbeabfälle
6	Rot	Öl- bzw. fettverschmutzte Betriebsmittel
7	Gelb	nichtverschmutzte Pappe, Papiere, Verpackungen
8	Hellblau	nichtverschmutzte Kunststoffe, Verpackungen
9	Grau	Altöl
10	Beige	Kühlschmierstoffe, Emulisionen
11	Farblos	
12	Schwarz	Eisen- und Stahlspäne
13	Schwarz	Eisen- und Stahlschrott

Beispiel für eine Standortskizze

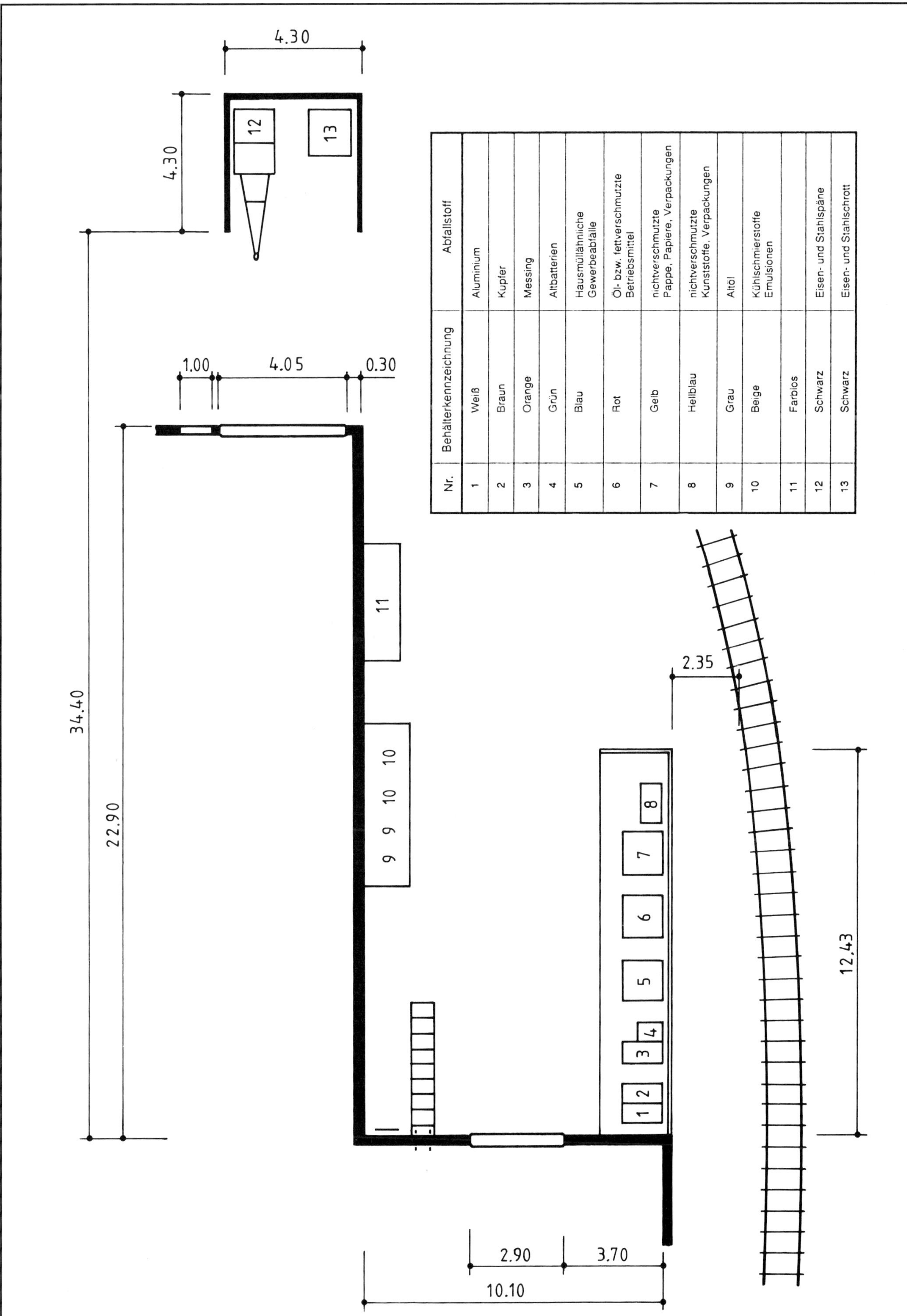

Nr.	Behälterkennzeichnung	Abfallstoff
1	Weiß	Aluminium
2	Braun	Kupfer
3	Orange	Messing
4	Grün	Altbatterien
5	Blau	Hausmüllähnliche Gewerbeabfälle
6	Rot	Öl- bzw. fettverschmutzte Betriebsmittel
7	Gelb	nichtverschmutzte Pappe, Papiere, Verpackungen
8	Hellblau	nichtverschmutzte Kunststoffe, Verpackungen
9	Grau	Altöl
10	Beige	Kühlschmierstoffe Emulsionen
11	Farblos	
12	Schwarz	Eisen- und Stahlspäne
13	Schwarz	Eisen- und Stahlschrott

Sachwortverzeichnis
Umweltschutz